西北农林科技大学旱区农业水土工程教育部重点实验室访问学者基金项目
山东省地矿局海岸带地质环境保护重点实验室2021年度开放基金项目（S

面向生态用水管理的水资源配置及水量调度机制研究

胡萌　著

中国石油大学出版社
CHINA UNIVERSITY OF PETROLEUM PRESS
山东·青岛

图书在版编目(CIP)数据

面向生态用水管理的水资源配置及水量调度机制研究 /
胡萌著 . -- 青岛：中国石油大学出版社，2022. 10
  ISBN 978-7-5636-7643-9

  Ⅰ . ①面… Ⅱ . ①胡… Ⅲ . ①水资源管理－研究－中
国 Ⅳ . ① TV213. 4

  中国版本图书馆 CIP 数据核字(2022)第 176194 号

书　　名：面向生态用水管理的水资源配置及水量调度机制研究
　　　　　MIANXIANG SHENGTAI YONGSHUI GUANLI DE SHUIZIYUAN
　　　　　PEIZHI JI SHUILIANG DIAODU JIZHI YANJIU

著　　者：胡　萌

责任编辑：郜云飞(电话　0532-86983572)
封面设计：友一广告传媒

出 版 者：中国石油大学出版社
　　　　　(地址：山东省青岛市黄岛区长江西路 66 号　邮编：266580)
网　　址：http://cbs.upc.edu.cn
电子邮箱：gyf1935@163.com
排 版 者：友一广告传媒
印 刷 者：泰安市成辉印刷有限公司
发 行 者：中国石油大学出版社(电话　0532-86983437)
开　　本：710 mm × 1 000 mm　1/16
印　　张：8.5
字　　数：140 千字
版 印 次：2022 年 10 月第 1 版　2022 年 10 月第 1 次印刷
书　　号：ISBN 978-7-5636-7643-9
定　　价：49.80 元

内容简介

本书针对保障生态用水需求的水资源配置与调度管理问题，以大沽河为研究对象，系统地介绍了作者在大沽河流域生态水量计算、水量分配与调度方面的研究成果。本书共由 7 章构成。第 1 章为绪论，介绍了研究背景、内容和特色等。第 2 章概述了流域基本情况。第 3 章为理论方法，主要分析变化环境下大沽河水文特征演变规律，并对径流变化的影响因素进行识别。第 4 章为生态需水量分析，分别计算了河道外经济社会需水量与河道内生态需水量。第 5 章为水量分配方案研究，提出了大沽河干流及主要支流多年平均来水情况下与 $P=50\%$、75%、95% 不同保证率下的水量分配方案。第 6 章为水量调度方案研究，提出了大沽河水量调度计划的设计方案与保障措施。第 7 章为结论与展望。

本书可供水文水资源学科、资源科学、环境科学的科研人员、大学教师和相关专业的高年级本科生和研究生，以及从事水资源管理、生态环境保护等技术人员参考。

前　言

PREFACE

　　生态水量是维系河湖生态功能、控制水资源开发强度的重要指标,是统筹生活、生产和生态用水,优化配置水资源的重要基础,事关国家水安全保障和生态文明建设大局。为落实国家河湖生态水量保障的有关要求,强化重要河湖生态水量监控和管理,确定重要河湖生态水量保障目标和保障措施是十分必要和迫切的。大沽河是胶东半岛最大的河流,是典型的北方季节性河流,是青岛的"母亲河",研究大沽河生态水量特征,制定分水方案,建立水量调度机制,对于支撑青岛市乃至于胶东半岛的生态文明建设与高质量发展具有重要意义,并可为我国北方中小流域生态水量管理提供参考。

　　随着生态需水概念的提出和推广,支持人类社会可持续发展且保证生态系统不发生严重退化的用水能力,以及维持生态系统健康所需的水量,得到了越来越多学者的关注,生态需水的概念也逐步扩展到河流、湿地、湖泊等生态系统中。大沽河流域降水年际变化大,年内分布不均,汛期(6～9月份)降水量约占全年降水量的74%,径流量主要集中在7、8、9三个月份,占全年径流量的80%以上。径流量的年际变化更为剧烈,丰水年与枯水年交替出现,且有明显连丰、连枯特征。大沽河一直是青岛市重要的本地水供应水源地,承担着沿线农业灌溉与居民生活用水任务,随着城市发展进程加速,20世纪80年代以来,大沽河流域水资源被大量开发用于青岛主城区与沿线城镇供水,加剧了河道内生态用水紧张的局面。自1987年以来,大沽河河道每年都发生了断流的情况,河道内生态水量难以得到保障。系统研究大沽河水资源演变规律,在预留生态水量的基础上,构建流域水量分配体系,落实生态水量保障目标与水量分配方案,是恢复河流生态功能、维护流域可持续发展所面临的亟须解决的问题。

针对大沽河生态用水保障问题,本书首先分析了大沽河径流的变化趋势、突变年份、变化周期等水文特征演化规律,并对径流变化的影响因素进行识别,分别计算了气候变化和人类活动对大沽河径流量变化影响的贡献率;结合大沽河干流水文站点分布,确定了生态水量的控制断面(南村水文站为考核断面,隋家村水文站为管理断面),分别计算了河道外经济社会需水量与河道内控制断面生态需水量。在此基础上,考虑到流域水资源状况与用水需求,兼顾公平与效率,研究提出多年平均来水情况与不同保证率下的水量分配方案,将大沽河干流与主要支流水量分配到沿线各区(市)。为保障河道内生态用水需求与水量分配方案落地实施,本书还提出了大沽河水量调度方案与保障措施。

本书的主要特色包括:针对大沽河干流典型控制断面,应用 Mann-Kendall 检验、滑动 T 检验、Morlet 复小波变换等方法分析研究径流演化特征,发展了河道内生态水量研究的理论基础。在生态水量研究的基础上,提出水量分配方案与调度方案,将理论模型的应用范围拓展延伸到管理领域,实现了模型检验、理论分析到实践应用的全链条研究闭环。

参与本书内容研究工作的人员除了作者之外,青岛市水务事业发展服务中心程桂福研究员提供了大沽河干流及主要支流水量分配计算成果,李淑杰参与了水量调度方案研究,王毅提供了部分水资源及经济社会发展数据,王毅、李文强对文稿进行了校对;同时,本研究还得到了水利部发展研究中心、中国水利水电科学研究院、山东省水利厅、青岛市水务管理局、山东水发规划设计有限公司、西北农林科技大学、山东省地质矿产勘查开发局第四地质大队、中国海洋大学、青岛大学、青岛市水文中心、青岛市大沽河管理服务中心、青岛市水利勘测设计院等单位领导和专家的指导和帮助,并得到了西北农林科技大学旱区农业水土工程教育部重点实验室访问学者基金项目、山东省地矿局海岸带地质环境保护重点实验室 2021 年度开放基金项目(SYS 202110)资助,借此机会,特向支持和关心本书研究工作的单位和个人表示衷心的感谢。书中有部分内容参考了有关单位或个人的研究成果,均已在参考文献中列出,在此一并表示致谢。

由于变化环境下的生态水量管理涉及气候学、水文学、地理学、管理学等多个学科知识,研究难度颇大,再加上时间仓促,特别是受作者水平及资料所限,书中难免有错误和不足之处,恳请读者提出宝贵的意见和建议。

作　者

2021 年 12 月于青岛

目　录
CONTENTS

第1章 >>>

绪　论

1.1 研究背景与意义

水是生命赖以存在的必需资源,是维系生态平衡和促进经济社会发展的制约性要素,水资源的分布和变化规律直接影响到区域生态结构与人居环境质量[1]。地球万物赖以生存的环境无时无刻不在发生着变化,但是频繁的人类活动和自然生态系统自身的演变导致环境变化程度越来越剧烈。在变化环境的大背景下,流域水文循环发生了深刻变化,这些变化给区域生态健康、水资源配置等工作带来了新的挑战[2]。如何妥善地解决这些问题,探索变化环境下的生态用水保障机制,建立流域水资源管控体系,是本书研究的主要内容。

1.1.1 研究背景

生态水量是维系河湖生态功能、控制水资源开发强度的重要指标,是统筹生活、生产和生态用水,优化配置水资源的重要基础,事关国家水安全保障和生态文明建设大局。《中华人民共和国水法》等法律法规规定,要发挥水资源的多种功能,协调好生活、生产经营和生态环境用水;将生态水量纳入年度水量调度计划,保证河湖基本生态用水需求。

大沽河是胶东半岛最大的河流,北邻渤海,南入黄海,地理位置与水文气象环境独特。大沽河干流全长 199 km,流域面积 6 205 km²,其中青岛市境内 4 781 km²,约占青岛市总面积的 42%,被誉为青岛的"母亲河"。大沽河流域降水年际变化大,年内分布不均,汛期(6~9 月份)降水量约占全年降水量的 74%,径流量主要集中在 7、8、9 三个月份,占全年径流量的 80% 以上。径流量的年际变化更为剧烈。据统计,大沽河干流南村水文站在1956～2016年断流天数总计12 676天,尤其是在1987～2016年的近30年中,大沽河河道每年都发生了断流的情况,河道内生态水量难以得到保障。

2010年1月,山东省水利厅印发了《山东省主要跨设区的市河流及边界水库水量分配方案》(鲁水办字〔2010〕3号),在预留生态用水的基础上,将大沽河水系多年平均来水量分配给青岛、烟台、潍坊3市和引黄济青工程。大沽河一直是青岛市重要的本地水供应水源地,承担着沿线农业灌溉与居民生活用水任务,尤其是20世纪80年代以来,大沽河成为青岛主城区与沿线城镇供水的主要水源地。系统研究大沽河水资源演变规律,在预留生态水量的基础上,构建流域水量分配体系,落实生态水量保障目标与水量分配方案,是恢复河流生态功能、维护流域可持续发展所面临的重要问题。

1.1.2 国内外研究进展

1)生态用水

关于生态用水的研究,国外始于20世纪70年代。我国则是20世纪90年代以后,随着经济、社会和生态环境可持续发展战略的实施,生态用水才受到广泛的关注。然而,不论是国外还是国内,有关生态用水概念的界定、类型的划分和计算方法等基础理论均尚处于探索阶段,难以在水资源优化配置和生态环境建设的实践中充分应用。

2000年发布的《中国可持续发展水资源战略研究》综合报告对生态环境用水作出了明确的界定:广义的生态环境用水是指维持全球水生态平衡所需要的水;狭义的生态环境用水是指维护并逐渐改善生态环境所需要消耗的水资源总量[3]。2004年版的《中国水利百科全书》中没有生态用水这一概念,而是将其描述成环境用水,并对此作出了定义,指出其包括三个方面的内容[4]:

(1)生态建设用水。例如,为了防止入海河口泥沙淤积,维护河口地区生态环境,需要保持一定的河道径流水量。

(2)环境保护用水。例如,对于河流,要保证枯水期的最小流量,使其达到一定的径污比,以改善水质。

(3)美化环境用水。例如对于旅游区的水库、湖泊和河流,要考虑旅游景观和通航要求,保持一定的湖面面积和水深。

此外,还有为控制地面沉降的回灌用水、为减轻咸潮倒灌而加大枯水季河道水量的用水等。

2) 气候变化与人类活动

2020 年发布的《世界水发展报告》提出,水安全与气候变化将是未来数十年全球面临的持续而深刻的危机。引起水资源变化最主要的因素是气候变化和人类活动。气候变化通过气温、降水、蒸发、湿度、风等因素的改变来影响水文循环系统,从而影响水文径流的过程,引起水资源在时空上发生变化。根据联合国政府间气候变化委员会(IPCC)第五次气候变化评价报告,一百多年来(1880～2012 年)全球陆地平均气温升高 0.85 ℃[5]。1951～2012 年,全球平均地表温度的升温速率(0.12 ℃/10 年)几乎是 1880 年以来升温速率的两倍[6]。IPCC 在第二次报告中明确指出降水和气温的微小变化能够引起径流较大的变化。根据我国《第三次气候变化国家评估报告》,一百多年来(1909～2011 年)我国陆域平均增温 0.9～1.5 ℃,全国平均年降水量具有明显的年代际变化与区域分布差异,华北地区、华中西部和西南地区降水减少;全国蒸发量和潜在蒸发量总体呈现下降趋势;长江、黄河和淮河径流量减少[7]。

近年来,随着城市化进程的加快,经济社会发展步伐提速,科学技术日新月异,人类活动对天然水文循环系统的干扰不断加强,农田灌溉、引水蓄水工程以及跨流域调水等人类活动直接减少了河川径流量;土地利用、水土保持、流域河道整治等人类活动改变了流域的下垫面,改变了降雨产流、入渗及水资源转化过程,从而影响了河川径流量。

气候变化是水资源变化的大背景,从大气环流和水热条件改变的角度看,全球气候变暖必然引起降水和径流量的区域分布发生变化。人类活动作为一种最活跃的陆地景观变化驱动因素,极大地影响了水资源的质和量。人类活动不仅通过水利工程改变了水资源的时空分布,还通过城市化过程、森林等资源的开发利用来影响区域水文循环和水资源演化。同时,水资源作为自然界最活跃的要素之一,对环境变化的响应具有综合性、滞后性,这使得确定气候变化和人类活动对水资源变化的权重系数变得更加复杂[8]。一方面,气候变化的区域差异性和人类活动因子的活跃性使得要把二者截然分开变得很困难。另一方面,分别确定气候变化因子和人类活动因子对水资源变化的贡献率,将有助于我们深入理解气候变化、人类活动的环境效应与水资源演变的响应机理,将有助于我们采取更有效的措施应对气候变化,调整我们的行为与自然和谐共处。因此,开展气候变化和人类活动对水资源的影响研究,对环境变化条件下的水资源规划、优化配置与合理开发利用都具有十分重要的科学意义和应用价值,也是我们当前所面对的挑战性难题。

3）水文水资源时间序列时域特征研究

时间序列(Time Series)是水文水资源研究中经常遇到的问题。水文时间序列可以分为确定性成分和随机性成分。确定性成分通常包括趋势,趋势是观测期间内长而平滑的运动,可以是上升或下降趋势。除了趋势之外,水文序列也可能会在某个时刻发生突然变化,即存在突变点,其中最常见、最直观的是均值突变点。

水文时间序列趋势分析方法,一般分为参数检验和非参数检验两大类[9]。参数检验中常用的有线性回归法、滑动平均法、累积距平法等。非参数检验主要包括 Mann-Kendall 法(简称"MK 法")、Spearman 秩次相关法等。虽然从理论上讲,参数检验法较非参数检验法可获得更有效的检验结果,但水文数据序列存在非同一分布、缺失值或异常值、季节性变化、自相关性等诸多问题[10],使参数检验法在水文趋势检验中受到诸多限制。而非参数检验法凭借其不受样本值分布类型影响等特点,目前被广泛应用于水文时间序列的趋势检验领域。其中最为常用的检验方法是 MK 法。MK 法先后由 Mann(1945 年)和 Kendall(1975年)提出,由于其不需要待检序列服从某一概率分布,且不受少数异常值干扰,克服了水文数据偏态、非同分布、有异常值等问题[11],因而在水文统计领域应用较广。然而,MK 法虽然具有非参数检验的优势,但并未解决水文序列统计检验中要求的数据独立问题。众所周知,在气象水文领域中,年降水量、年径流量都可能存在自相关,且随着人类活动的扰动,这种自相关也更趋于强烈。1955 年 Cox和 Stuart 指出,趋势检验中观测数据的相关性会放大趋势的显著性,进而返回不真实的假设或结论[12]。为了消除序列中自相关带来的影响,很多学者对 MK 趋势检验法提出了改进措施,具体可分为两大类,即前置移除法和参数修正法。前置移除法指在进行传统 MK 趋势检验前,对水文时间序列进行预处理,使其去除自相关性,满足数据独立的要求;常见的方法包括预置白处理法(Pre-Whitening,

PW）[13]、去趋势预置白处理法（Trend-Free Pre-Whitening，TFPW）[14]等。而参数修正法主要是针对自相关性影响，对 MK 检验方法本身进行改进。如 Hirsch 和 Slack（1984 年）对 MK 检验法进行了改进，可实现使无强长程相关性和长度满足一定要求（大于 5 年）的水文序列在检验中不受自相关性影响[15]。Hamed 和 Rao（1998 年）讨论了序列自相关性对 MK 检验结果的影响，推导了结果变化与自相关性之间的关系，建立了改进 MK 方法（MMK），实现了在不影响 MK 检验效果的前提下去除序列自相关性的影响[16]。

由于受气候变异、人类活动等因素的影响，水文序列在某个时间点的前后，其统计规律可能会发生显著变异，这个时间点称为序列的突变点。了解和诊断水文序列的突变情况及其规律，对水文分析、模拟、预测、防洪减灾、水环境治理等具有重要意义。对水文序列突变点的分析研究是当前水文水资源领域的热点，已有国内外学者提出了多种检测方法，如：Lee 和 Heghinian[17]提出了基于贝叶斯理论的里海哈林方法；Pettitt[18]提出了基于 Mann-Whitney 非参数检验的 Pettitt 检验法。我国学者提出或发展的方法有：滑动 T 法[19]、有序聚类分析法[20]、基于灰色系统原理提出的逐时段滑动分割比较序列法和有序聚类最优二分割比较序列法[21]、分形理论中的 R/S 分析法[22]、贝叶斯数学模型法[23]、基于 Brown-Forsythe 检验的水文序列变异点识别方法[24]、综合诊断方法[25]、遗传算法[26]、滑动 F 识别与检验法[27]等。这些方法在降水量、地下水位、径流量等数据突变特征分析中都有广泛应用[28~31]。

4）水文水资源时间序列频域特征研究

在时间序列研究中，时域和频域是常用的两种基本形式。其中，时域分析具有时间定位能力，但无法得到关于时间序列变化周期等方面的信息；传统的频域分析（如 Fourier 变换）虽具有准确的频率定位功能，但仅适合平稳时间序列分析。然而，水文学中许多现象（如河川径流、降雨、蒸发等）随时间的变化往往受到多种因素的综合影响，大多属于非平稳序列，它们不但具有趋势性、周期性等特征，还存在随机性、突变性以及"多时间尺度"结构，具有多层次演变规律。对于这类非平稳时间序列的研究，通常需要某一频段对应的时间信息，或某一时段的频域信息。20 世纪 80 年代初，由 Morlet 提出的一种具有时-频多分辨功能的小波分析（Wavelet Analysis）为更好地研究时间序列问题提供了可能，它能清晰地揭示出隐藏在时间序列中的多种变化周期,反映系统在不同时间尺度中的变化趋势,并能对系统未来发展趋势进行估计[32,33]。

小波分析方法能够同时从时域和频域两种形式揭示时间序列的局部特性,因此适于研究具有多时间尺度变化特性和非平稳特性的水文时间序列[34,35]。国外,Foufoula-Georgiou 和 Kumar 较早地研究了小波分析方法在水文学中的应用[32,34];之后,Labat[35~39]、Schaefli[40]、Coulibaly[41,42] 等人对水文小波分析方法做了大量研究。国内,王文圣等对水文小波分析方法进行了较为系统的研究[43],并在 2005 年出版了著作——《水文小波分析》[44]。近年来,国内学者分别对小波函数选择[45]、小波阈值消噪[46,47]、小波互相关分析[48] 等一系列小波分析中的关键问题进行了研究,并应用小波分析方法揭示了不同噪声成分的复杂小波特性[49],研究了水文时间序列周期变化[50]。

5) 气候变化对水文水资源影响的国内外研究进展

气候变化对水资源的影响研究最早出现在美国。1949 年,Langbein 等根据降雨和径流资料做出降雨-径流曲线[51]。1977 年,Schwarz 分析了极端气候条件下的水文响应[52]。20 世纪 80 年代中期,气候变化对水资源的影响研究正式起步。世界气象组织(WMO)于 1985 年出版了《气候变化对水文水资源影响的综述报告》,1987 年又撰写了《水文水资源系统对气候变化的敏感度分析报告》[53]。同年,国际水文科协(IAHS)在第十九届国际 IUGG 大会期间召开"气候变化和气候波动对水文水资源影响"专题学术会议。此后,研究方法开始呈现多元化。

Revelle 和 Waggoner 运用统计学方法研究历史时期的气温-径流、降水-径流关系[54];美国国家环境保护局(US Environmental Protection Agency)和 Singh 应用 GCMs 改变气候条件(CO_2 浓度)后直接评估水文特征[55,56]。20 世纪 80 年代,NěMEC、Gleick 等人开始使用 GCMs 输出和降雨-径流模型来研究气候变化对水资源的影响[57~59]。

到了 20 世纪 90 年代,研究的重点是气候变化对供水的影响[60]。其间,联合国政府间气候变化委员会(IPCC)在 1990 年和 1995 年做了两次评估,第一次评估报告指出气候变化对供水和需水产生影响,第二次评估报告指出降水和温度的微小变化能够引起径流较大的变化。1990 年,Waggoner 编撰的《气候变化和美国水资源》一书系统阐述了气候变化对水资源影响的研究方向、研究内容和研究成果[61]。Vogel 和 Allen 等人做了大量的气候变化对水资源的影响研究,包括气候变化影响水库供水和灌溉供水等方面[62～64]。

步入 21 世纪,气候变化对水资源的影响已成为国际会议的主要议题。2001年举行的 IGBP 会议、第六届 IAMAP-IAHS 大会以及 2004 年巴西召开的 IAHS 大会均设立了气候变化对水资源的影响讨论专题。2007 年,IUGG 国际会议再一次探讨了气候变化对水文水资源的影响问题。同时,欧盟组织评价了全球变暖对欧洲河流、湖泊等淡水系统环境的影响[65]。2001 年、2007 年和 2012 年,IPCC 又相继发布了第三次、第四次和第五次报告。在第三次报告中提到气候变化对河川径流的影响主要取决于降雨的预测情景,第四次报告中明确表明半干旱地区的水资源将由于气候变化而减少,第五次报告重点关注极端气候对水资源的影响。Wit 等运用 GCMs 和降雨 - 产流模型模拟降雨减少 10% 时地表产流减少的情况[66]。Novotny 和 Stefan 应用 Mann-Kendall 非参数检验方法对河流的径流量和气候变化的关系进行了研究[67]。Fontaine 和 Fklassen 模拟了气候变暖情景下(降水变化、气温变化和 CO_2 倍增)美国 Dakota 州黑山地区水资源的响应[68]。

6)人类活动对水资源影响的国内外研究进展

人类活动对水资源的影响研究始于 1935 年,Wicht 研究南非 Jonkershoek 森林不同开发程度对水资源的影响[69]。联合国教科文组织(UNESCO)于 1965 年开始人类活动对水资源的影响研究,陆续开展了国际水文 10 年计划(IHD,1965～1974 年)和国际水文 5 年计划(IHP,1975～1980 年),研究范围包括水利工程、农业措施、城市化、土地利用方式改变对水资源环境的影响和森林的水文效应[70]。20 世纪 80 年代后,人类在工业生产、工程作业中释放出大量 CO_2、CH_4 等温室气体,使得全球气候变暖,进而深刻改变了水循环过程,于是人们把研究重点集中在人类活动对全球尺度的水循环的影响上[71]。进入 21 世纪,人类活动对水资源影响的研究进入活跃阶段。2001 年,国际上实施了全球水系统计划(GWSP),全球变化和大规模水电工程建设等剧烈人类活动对区域水循环与水安全影响是 GWSP 重点研究的问题之一。2001 年 7 月在荷兰举办的第六届国际水文科学大会讨论了量化分析人类活动对水循环水资源演变的影响,涵盖了人类经济活动如工农业生产活动所产生的各种用水和调水行为[72,73]。Ismaiylov 等对比了伏尔加河 114 年的天然径流量和实测径流量,发现年径流量的变化受气候变化和人类活动的双重影响[74]。Walling 和 Milliman 等人研究认为,世界上大多数流域出现了径流量突变,且有三分之一的河流年径流量变化量超过30%[75,76]。而人类活动对自然环境的破坏是导致径流量发生变化的主要原因[77]。Nilsson等认为全球59%的流域不同程度上受到流域内建设活动的影响[78]。美国的科罗拉多河和埃及的尼罗河因修建水库和大量调水,导致入海径流几近枯竭[79~81]。

我国在这方面的研究起步较晚,于20世纪末开始人类活动对水资源影响的研究工作,但多数停留在定性研究上。1991年,芮孝芳分析了水库工程、灌溉面积、大型调水工程、地下水开采和城市化对水资源的影响[82]。1998年,李新和周宏飞探讨了新疆塔里木河流域水资源在人类活动干预后的持续利用问题[83]。许炯心和刘昌明等人在研究黄河中上游地区径流量时发现,人类活动是导致地表水资源量锐减的主要因素[84,85]。谢红彬等研究了太湖流域水环境演变与人类活动耦合的关系[86]。到21世纪,国内出现了大量的定量研究成果,主要是对人类活动影响地下水资源系统的某些特征值进行定量研究,对系统模型的一些参数进行率定等。燕荷叶运用径流还原进行沁河流域地表水资源评价[87]。周红等根据年径流累积曲线图,估算出人类活动对塔里木河各河段年径流量的影响[88]。

在水文要素变异影响因素的量化研究方面,国内外研究较广泛的是对径流序列影响因子进行分割量化。现在,研究者关注更多的是分离气候变化和人类活动的贡献率和利用水文模型进行研究。陈军锋和张明分析了气候波动以及土地覆被变化对径流的影响[89]。胡珊珊和张利平等在不同流域分析了气候变化和人类活动对径流量的影响,结果显示:虽然不同时期气候变化和人类活动对流域径流的影响有所差异,但人类活动对径流的影响起主导作用[90,91]。王随继等首次应用累积量斜率变化率比较法,研究人类活动对径流的影响[92]。江善虎等通过趋势分析和突变检验等方法[93],王浩、王纲胜等人运用分布式水文模型研究均得出相同的结论:人类活动是导致径流减少的主要原因[94,95]。姜德娟和王晓利对大沽河流域年降水-年径流双累积曲线研究认为,降水变化和人类活动对径流变化的影响均比较显著,气候变化对径流影响的贡献率为52.38%,人类活动贡献率为47.62%[96]。

7) 水资源配置与管控

水资源配置是实现水资源合理开发利用的基础,解决水资源供需矛盾的关键所在[97]。粟晓玲、李明新等学者主要开展了基于大系统理论的水资源配置,基于协调水资源供需与区域经济发展的可持续发展水资源配置,面向生态水资源配置,基于 ET 管理的水资源配置等[98~104]。张守平等提出了水量水质联合配置研究的理论方法[105]。邵东国、苏心玥等将公平性、用水效率引入水资源配置[106,107]。金蓉、冯房观等提出生活、生产用水优化配置的分类细化研究[108,109]。水资源优化配置研究成果日趋丰富,但对于不同类型用水研究仍具有继续开拓的空间,区域用水优化配置考虑要素仍有待于进一步完善。

1.1.3 以往研究的不足和存在的问题

气候变化与人类活动对水文水资源的影响研究涉及气候-陆地生态系统-经济社会系统及其相互作用,但以往在全球气温升高及人类活动频繁的大背景下,要准确把握水文水资源的变化动态,必须综合考虑这两个方面。国内以定性描述分析和统计分析的研究工作比较多,而利用遥感技术和地理信息系统建立分布式水文模型,动态模拟气候与土地利用、地表覆盖变化对水文影响的研究工作较为薄弱。近年来,国际上已注意到综合研究气候与土地利用、地表覆盖变化对水文的影响,并建立了相应的评估模型,一部分研究侧重于过去气候变化及人类活动对水文水资源的影响研究及区分两者贡献大小,另一部分集中在对未来气候及土地利用覆盖变化情景下径流动态模拟及敏感性分析上,对这些方面的研究仍在探索之中。在气候变化对水文水资源的影响方面,考虑未来土地利用、地表覆盖变化对水平衡、水循环、需水量和水旱灾害的影响研究比较少;在气候变化条件下,水资源变化及适应调整对经济增长、产业结构、生产力布局的影响以及两者之间的反馈关系的研究相对较少。

目前,国内学者对长江、黄河、海河、淮河等一些重要河流的径流特征、演变规律及其驱动因素开展了大量的研究,但对胶东半岛河流的研究相对较少,特别是对胶东半岛的最大河流——大沽河的研究尚很缺乏。大沽河属于中小型入海河流,径流年际年内变化剧烈,水资源禀赋条件较差。近年来,在气候变化与人类活动的共同影响下,河川径流量急剧减少,河道断流成为常态,淡水入海通量大幅下降,河口湿地萎缩严重,已对流域-河口系统以及胶州湾的生态环境和经济社会发展产生严重影响。

研究大沽河水资源时空演变规律与生态水量特征,制定配水方案,建立水量调度机制,为合理制定大沽河流域水资源开发与利用、管理与保护规划、对策与措施等提供技术支撑,对于青岛市乃至胶东半岛水资源保护与生态文明建设具有重要意义,并可为我国北方中小流域生态水量管理提供参考。

 ## 1.2 研究目标和内容

1.2.1 研究目标

从变化趋势、突变年份、变化周期等不同维度明确大沽河径流量演变特征,通过计算气候变化与人类活动对大沽河径流量变化影响的贡献率,识别影响径流变化的主要因子,揭示大沽河水资源演化的驱动因素。在明确大沽河生态功能定位的基础上,基于水资源演变动力学原理,针对气候变化和剧烈人类活动导致的变化环境下大沽河生态水量保障问题,提出大沽河及主要支流的水量分配方案;针对生态水量保障目标与水量分配方案,明确责任主体与管控措施,制定水量调度方案,以期为变化环境下大沽河的水量管理、水资源利用规划、政策制定和保护措施的实施提供技术支撑。

1.2.2 研究内容

1)生态水量研究

选取大沽河典型断面为研究对象,通过线性趋势法、MK 法与改进 MK 法检验大沽河年际径流量变化趋势;利用 Mann-Kendall 法、累积距平法、滑动 T 检验大沽河径流突变情况;利用 Morlet 连续复小波分析法研究大沽河径流量的周期性变化规律,提取变化的主周期,揭示多时间尺度径流变化的复杂结构;利用降水-径流双累积曲线法,定量计算气候变化与人类活动对大沽河径流量变化影响的贡献率。在分析计算大沽河径流量变化趋势、变化周期、突变年份和不同频率径流量的基础上,识别径流量变化的影响因素,按照《河湖生态环境需水量计算规范》(SL/Z 712-2014)等规范要求计算大沽河河道内生态需水量,并进行可行性分析。

2)水量分配方案

以流域水资源综合规划、区域水资源用水总量控制指标为依据,以保护和修复水生态、促进节约用水和水资源合理配置为目标,研究制定大沽河及主要支流

水量分配方案。充分考虑流域水资源量、生态水量、可分配水量、预留和储备水量、现状用水、已有取水协议、区域用水需求以及其他供水水源等影响水量分配的因素,根据山东省主要跨设区的市河流及边界水库水量分配方案,结合青岛市实际,对青岛市境内大沽河与主要支流水量进行分配,明确流域水资源开发利用上限与大沽河沿线各区(市)从河道内取用水量控制红线,建立不同频率下水资源刚性约束指标体系。

3)水量调度方案

根据大沽河生态用水需求与水量分配方案,研究提出水量调度的总体要求、工作方法、保障措施及有关建议,明确大沽河水量调度适用范围、调度计划和监督管理措施,对调度计划下达的程序、周期、责任主体进行设计,为加强大沽河水资源管控、提高生态用水保障能力、落实生态水量保障目标要求提供参考依据。

1.3 研究方案

1.3.1 基本概念

生态用水:也称生态环境用水、环境生态用水,是维护生态平衡、支持人类自身及其经济社会发展必不可少的要素。通常指维持某一生态系统基本需求的最低水量和适当水质(包括地表水、地下水和土壤水量)。依据空间位置,生态用水主要分为两大类:河道内生态用水、河道外生态用水。再依据生态系统类型,河道内生态用水又分为河道生态用水、河口生态用水,河道外生态用水又分为水土保持生态用水、防护林草生态用水、城市生态用水、湖泊生态用水、湿地生态用水、地下水回灌生态用水等。

河湖生态水量:指为了维系河流、湖泊等水生态系统的结构和功能,需要保留在河湖内满足水质要求的流量(水量、水位)及其过程。

河湖生态基流:指为维持河流基本形态和基本生态功能,即防止河道断流,避免河流水生生物群落遭受无法恢复性破坏的河道内最小流量。

河湖生态保护对象:包括河湖基本形态、基本栖息地、基本自净能力等基本生态保护对象,以及保护要求明确的重要生态敏感区、水生生物多样性、输沙、河口压咸等特殊生态保护对象。

河湖生态水量保障主要控制断面：指河道跨行政区断面、把口断面（入海、入干流、入尾闾）、重要生态敏感区控制断面、主要控制性水工程断面等。

季节性河流：又称间歇性河流、时令河，指河流在枯水季节，河水断流，河床裸露；在丰水季节，形成水流，甚至洪水奔腾。

1.3.2　研究方法

大沽河地处山东省胶东半岛的西部，位于东经 120°7′～120°34′，北纬 36°2′～37°5′ 之间。河流发源于招远市东北部的阜山，横穿青岛市中部，干流流经烟台招远市和青岛莱西市、平度市、即墨区、胶州市、城阳区共 6 个市（区），于胶州市营海街道办事处东营村入胶州湾，干流全长 199 km，流域面积 6 205 km²，多年平均年降水量 672 mm。大沽河是一条典型的季节性河流，暴雨季节，河道水位暴涨，而平时水量较少，部分河道土地裸露；大沽河水资源总量不足，径流量年内分配不均、年际变化大，无补水水源，生态水量保障难度大。

针对环境变化影响下大沽河生态水量计算问题，综合利用水文学及水资源、概率论及数理统计学、计算机科学等多种学科的知识和方法，开展变异规律分析及主因识别、基于频率分析的生态水量计算方法及其可行性研究，在此基础上，提出大沽河水量分配方案与水量调度方案，为变化环境下大沽河流域的水循环与水安全因素识别、生态环境保护、水资源管理等提供依据。

1.3.3　技术路线

基于上述方法的技术路线如图 1-1 所示，主要研究步骤为：

（1）通过对大沽河流域进行实地考察、对大沽河主管部门进行实地调研等方式，收集大沽河流域气候概况、土地利用状况、流域内主要水利工程资料，收集流域内主要水文站网分布及径流、水位、降水、蒸发等实测资料，河道内地形及主要断面资料，水资源利用规划、经济社会发展等资料。对收集到的资料进行缺测检查及汇编整理。通过走访大沽河沿线区（市），对不同时期大沽河生态水量的变化及其带来的影响进行调查。

（2）考虑到大沽河不同水文站的水文序列之间具有良好的换算关系，选取大沽河干流中下游南村水文站为研究对象，其他站点可以通过水文换算分析生态水量的变化情况。将南村水文站的径流序列按照年份、丰水期、枯水期、逐月等

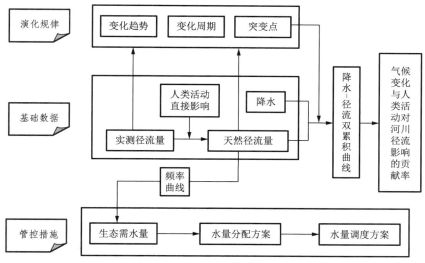

图 1-1　技术路线图

时间尺度进行整理和划分,为大沽河不同时间尺度的生态水量分析与径流量演化特征研究做好基础准备。依据实测资料和调查的水文资料,采用分项调查分析法,对南村水文站流域内受水利工程和其他因素影响而损耗或增加的河川径流量都逐年进行还原计算,求得历年天然月、年径流量。

(3)在分析计算数据总体统计特征、径流与降水年内分布规律、典型断面断流天数的基础上,利用线性倾向估计法、MK 法与改进 MK 法研究水文特征年际变化趋势。通过绘制年际变化曲线,对大沽河南村水文站降水量、蒸发量、实测径流量、天然径流量进行线性趋势分析,计算平均减少速率;采用 Theil-Sen 法消除序列两端极大值和极小值的影响,计算降水量、蒸发量、实测径流量、天然径流量变化趋势坡度。应用 Mann-Kendall 秩次相关检验(MK 法),对大沽河南村水文站降水量、蒸发量、径流量序列进行趋势性分析;考虑到序列的自相关关系,采用改进的 MK 检验——MMK 法、预置白 MK 检验(PW-MK 法)、去趋势预置白MK 检验(TFPW-MK 法),对大沽河南村水文站降水量、蒸发量、径流量序列的MK 检验结果进行验证。

(4)应用 MK 法,在给定显著性水平 $p = 0.05$ 下检验 1956～2016 年大沽河实测径流量、天然径流量变化趋势及突变情况。采用累积距平法,绘制1956～2016 年大沽河逐年实测径流量、天然径流量累积距平曲线,根据累积距平曲线的波动起伏,判断长期的演变趋势以及变化趋势发生突变的时间。采用滑动T法,对大沽河南村水文站实测径流量、天然径流量进行突变分析。根据上述三种方法的分析结果,综合判定大沽河南村水文站实测径流量、天然径流量突变年份,分析突变年份前/后10年均值及其变幅。

(5)采用Morlet复小波作为基本小波函数,把大沽河南村水文站1956～2016年天然径流量时间序列分解为不同尺度(低频成分和高频成分)的小波系数和尺度系数,进行多时间尺度特性分析,分析天然径流量时间序列的变化趋势和周期组成。

(6)采用累积量模拟比较法,以径流量突变点前作为受人类活动影响较小的基础期,采用双累积曲线建立径流量突变前累积径流量与累积降水量关系式,并用人类活动影响显著时期(变异期)累积降水量计算得到变异期的模拟累积径流量,对比人类活动影响显著时期与基础期的实测径流量、天然径流量、模拟计算径流量等变化,分析不同时期气候变化和人类活动对径流量影响的贡献率。

(7)选取大沽河干流主要控制断面分别作为考核断面和管理断面。根据水利部水利水电规划设计总院《2019年重点河湖生态流量(水量)研究与保障工作有关技术要求说明》与山东省水利科学研究院《山东省重点河湖生态流量名录与保障机制研究》,确定大沽河生态水量保障设计保证率。结合已有成果中生态水量指标要求,根据《河湖生态环境需水量计算规范》(SL/Z 712—2014),采用Tennant法($P=10\%$、5%、3%)和Q_P法($P=90\%$)分析计算河道内生态水量保障目标,并进行可达性分析。频率曲线的选型方面,依据我国《水利水电工程水文计算规范》(SL/T 278—2020)的有关规定,选用皮尔逊Ⅲ型频率曲线计算水文序列的频率。

(8)在对大沽河流域水资源现状调查分析的基础上,通过专家打分,对水量分配的主要影响因子进行筛选并分配权重。依据流域水资源产水量、水资源开发利用现状与可供水能力、区域经济社会发展用水需求等,按各因子权重,计算流域内各市(区)分配水量,提出三种分配方案,并对计算成果进行调研、比选、复核。在多年平均来水情况下水量分配的基础上,计算$P=50\%$、75%、95%不同保证率下的水量分配方案。

(9)根据大沽河生态用水需求与水量分配方案,研究提出大沽河水量调度的总体要求、工作方法、保障措施及有关建议,明确大沽河水量调度适用范围、调度计划和监督管理措施,对调度计划下达的程序、周期、责任主体进行设计,形成大沽河水量调度方案。

1.4 主要研究特色

大沽河流域纵贯胶东半岛,沟通莱州湾与胶州湾,同时受渤海、黄海水汽及鲁东丘陵地形影响,具有独特的水文气象特征。针对大沽河干流典型控制断面,应用 Mann-Kendall 检验、滑动 T 检验、Morlet 复小波变换等学术前沿方法分析研究径流演化特征,发展了河道内生态水量研究的理论基础。在生态水量研究的基础上,提出水量分配方案与调度方案,将理论模型的应用范围拓展延伸到管理领域,实现了模型检验、理论分析到实践应用的全链条研究闭环。

(1)提出了大沽河水文特征变化趋势分析的方法,建立了反映降水量、蒸发量、径流量年际变化趋势的线性方程,并应用 MMK 法、PW-MK 法、TFPW-MK 法等多种改进方法修正了 Mann-Kendall 趋势检验的结果;应用 Mann-Kendall 法、累积距平曲线、滑动 T 检验等三种方法分别对实测径流量、天然径流量进行突变检验,三种方法的结果相互验证,提高了检验结果的可靠性;将大沽河径流变化的影响因素细分为气候变化与人类活动,并分别计算了影响的贡献率,实现了量化评估,影响因素的识别更加精细。

(2)建立了大沽河取用水总量控制体系,分别提出了多年平均来水情况与 $P=50\%$、75%、95% 不同保证率下的大沽河干流及主要支流水量分配方案,并拟定了水量调度计划方案与保障措施建议,为生态水量目标与水量分配方案落地实施提供保障。

1.5 本章小结

本章主要介绍了变化环境下大沽河生态水量及水资源演化特征的研究背景与研究意义,在对国内外研究进展进行综述的基础上,指出当前研究所存在的问题,确定研究目标和研究内容,提出研究思路,明确采用的研究方法和技术路线,提出预期的研究成果,凝练研究特色。

第2章 >>>

流域基本情况

2.1 流域概况

大沽河地处山东省胶东半岛的西部,位于东经 120°7′ ～ 120°34′,北纬 36°2′ ～ 37°5′ 之间,被称为青岛的"母亲河"。如图 2-1 所示,大沽河河流发源于招远市东北部的阜山,横穿青岛市中部,干流流经招远市、莱西市、平度市、即墨区、胶州市、城阳区 6 个市(区),于胶州市营海街道办事处东营村入胶州湾;大沽河干流全长 199 km,流域面积 6 205 km²。

图 2-1 大沽河流域位置图

2.1.1 自然地理

1)地形地貌

大沽河流域地势北高南低,北部为山区和浅山丘陵区,南部为山麓平原和平原洼地,地形坡度由北向南逐渐变缓。大沽河流域沉积地貌和大山地貌分别占流域的 4/5 和 1/5。如图 2-2 所示,在山区、丘陵及平原三个地貌单元中,山区相对高程 200～300 m 以上,多为震旦纪变质岩,节理发育,峰顶多尖锐,山陡坡,表层风化颇烈,植被较差;丘陵相对高程 50～200 m,顶部平圆,覆盖层较差,冲沟发育,基岩风化剧烈；平原相对高程在 50 m 以下，分布在中下游一带，地势平坦，由第四纪地层组成，土层颇厚，有少数侵蚀台地。

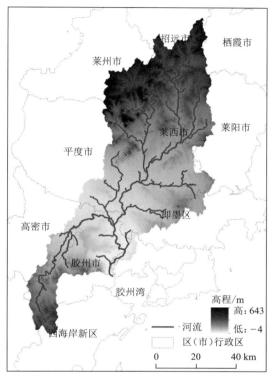

图 2-2　大沽河流域高程图

2）植被土壤

大沽河流域有丰富的植物资源，由于其位于温带地区，植被不仅丰富而且种类多样。在这一流域，植物的种类主要包括落叶阔叶林、针叶林、竹林、草甸、盐生植被、灌丛以及灌草丛等。大沽河流域拥有多种土壤类型，主要包括五大类，其中棕壤和砂姜黑土是分布最广、面积最大的类型，另外还有褐土、潮土和砂土。流域内土地约有 75％用于耕地，其余土地主要用于林地、草地、水体和城镇居民建设用地。

2.1.2　水文气象

大沽河流域地处胶东半岛，属华北暖温带沿海湿润季风区。夏季炎热多雨，冬季寒冷干燥,春、秋季冷暖适中,但干旱少雨,温度一般在 −22 ～ 38 ℃之间,流域内温差不大,全年无霜期约 200 天。

大沽河流域多年平均降水量为 672 mm。降水量年际变化较大,年内分布不均,最大年降水量为 1 457 mm（1964 年）,最小年降水量为 348 mm（1981 年）。6 ～ 9 月份为汛期,汛期降水量约占全年降水量的 74%,7、8 月份降水量约占全年降水量的 52%。径流量的年际变化更为剧烈,丰水年与枯水年交替出现,且有明显连丰、连枯特征,流域多年平均径流深为 119 mm,最大年天然径流量为 27.2 亿 m³（1964 年）,最小年天然径流量为 968 万 m³（1968 年）。

另外,流域内蒸发量很大,区域多年平均蒸发量为 983.86 mm,是平均降水量的 1.57 倍。最小年蒸发量为 787 mm（1990 年）,最大年蒸发量为 1 238.7 mm（1978 年）。蒸发量年内分布不均,主要集中于 4 ～ 9 月份,尤其是 5 ～ 9 月份蒸发量较大,占总蒸发量的 48%;11 月 ～ 次年 2 月份蒸发量较小,均在 60 mm 以下。由于春季降雨稀少,又伴随着干热风,蒸发量大,故春旱比较严重。

2.1.3　河流水系

大沽河支流众多,流域面积 50 km² 及以上入河支流（一级支流）15 条,其中流域面积在 300 km² 以上的有 6 条,分别为南胶莱河、小沽河、五沽河、洙河、流浩河、桃源河,见表 2-1。

表 2-1　大沽河主要支流情况

序号	河流分类	河流名称	河口所在地	河流长度/km	流域面积/km²	流经县（市、区）
1	流域面积 500 km² 及以上	南胶莱河	胶州市李哥庄镇河荣西村	30	1 562.30	平度市、高密市、胶州市
2		小沽河	平度市仁兆镇石家曲堤村	86	1 014.60	莱州市、莱西市、平度市
3		五沽河	即墨区刘家庄镇袁家庄村	41	703.20	莱阳市、莱西市、即墨区
4	流域面积 300 ～ 500 km²	洙河	莱西市望城街道办事处辇止头村	55	412.60	莱阳市、莱西市
5		流浩河	即墨区七级镇北岔河村	35	384.30	即墨区
6		桃源河	城阳区河套街道办事处大涧社区	35	300.30	即墨区、胶州市、城阳区

序号	河流分类	河流名称	河口所在地	河流长度/km	流域面积/km²	流经县（市、区）
7	流域面积100～300 km²	落药河	平度市南村镇崖头村	35	241.70	平度市
8		云溪河	胶州市胶东街道办事处河西屯村	18	148.40	胶州市
9		薄家河	招远市毕郭镇庙子夼村	28	137.30	招远市
10	流域面积50～100 km²	留仙庄河	莱西市马连庄镇西巨家村	21	89.30	招远市、莱西市
11		芝河	莱西市梅花山街道办事处产芝水库	21	85.80	莱西市
12		方家河	招远市毕郭镇小许家村	15	71.90	栖霞市、招远市
13		城子河	平度市仁兆镇斜庄村	23	66.60	平度市
14		军武河	莱西市马连庄镇崔格庄村	15	66.00	莱西市
15		下林庄河	招远市毕郭镇大霞坞村	15	61.10	招远市

南胶莱河：发源于平度市姚家村分水岭南侧，在胶莱镇刘家花园处流入胶州市，于李哥庄镇河荣西村汇入大沽河，干流全长30 km，流域面积1 562.30 km²。主要支流有胶河、墨水河及清水河等。

小沽河：发源于莱州市的马鞍山，于南墅镇孙家村西入莱西市，沿莱西和平度的边界南流，于平度石家曲堤村汇入大沽河，干流全长86 km，流域面积1 014.60 km²。1970年在其上游兴建了北墅水库。小沽河有两条较大的支流，即黄同河和猪洞河，在两条支流上分别建有黄同水库和尹府水库。

五沽河：发源于莱西市众水村东，沿莱西市和即墨区边界，流向由东至西，纳龙化河、幸福河、狼埠沟之水于即墨区袁家庄村汇入大沽河，干流全长41 km，流域面积703.20 km²。

洙河：发源于烟台市莱阳崤山东麓，流经莱阳、莱西5个乡镇，纳七星河、草泊沟、马家河之水于莱西市望城街道办事处辇止头村西北汇入大沽河，干流全长55 km，流域面积412.60 km²。1958年在莱西市高格庄北兴建了高格庄水库。

流浩河：发源于即墨区灵山镇金家湾村北，横贯即墨区中部，由东而西至七级镇北岔河村汇入大沽河，干流全长35 km，流域面积384.30 km²。上游建有宋化泉水库。

桃源河：系大沽河左岸末级支流，发源于即墨区普东镇桃行村，自东向西流至蓝烟铁路附近折向南流,过铁路在城阳区下疃村西北入大沽河,全长 35 km,流域面积 300.30 km²。上游建有挪城水库。

2.1.4　经济社会基本情况

大沽河流域涉及青岛市和烟台市,在其流域范围内约有 50 个乡镇,2 500 多个村庄,该流域的社会人口大约占整个青岛市的 27%,流域内总人口 265 万人,其中城镇人口 146 万人,农村人口 119 万人,城镇化率达到 55.1%。大沽河流域内耕地面积约 346 万亩,其中灌溉耕地面积 220 万亩。流域内沿岸有众多粮食、蔬果的生产地。据统计,大沽河流域内 2018 年国民生产总值为 2 482 亿元。大沽河流域经济社会情况主要指标见表 2-2。

表 2-2　大沽河流域 2018 年经济社会情况

人口 / 万人			GDP / 亿元	工业增加值 / 亿元	耕地面积 / 万亩	灌溉面积 / 万亩		鱼塘补水面积 / 万亩	牲畜数量 / 万头	
城镇	乡村	合计				总面积	耕地		大牲畜	小牲畜
146	119	265	2 482	1 116	346	254	220	2	12	97

2.2　水资源开发利用情况

根据《青岛市水资源公报》和《青岛市第三次水资源调查评价》,大沽河流域地表水资源开发利用率为 45%。国际上一般认为,对一条河流的开发利用不能超过其水资源量的 40%。大沽河流域开发利用率已超过国际公认 40% 的水资源开发生态警戒线,说明生态用水被严重挤占。

2.2.1　水资源量

依据《第三次山东省水资源调查评价总报告》成果,分析大沽河流域水资源状况:

1）地表水资源量

全流域多年平均地表水资源量为 5.2 亿 m³,多年平均年径流深为 119 mm,多年平均年径流系数为 0.18。20%、50%、75%、95% 频率年份流域地表水资源量分别为 84 677 万 m^3、34 747 万 m^3、13 534 万 m^3 和 2 073 万 m^3。年径流深介于 50～300 mm 之间，呈由西北向东南递增趋势。

2）地下水资源量

大沽河流域多年平均地下水资源量为 36 602 万 m^3，多年平均地下水资源量模数为 8.61 万 m^3/km^2。其中，山丘区地下水资源量为 23 920 万 m^3，地下水资源量模数为 6.94 万 m^3/km^2；平原区地下水资源量为 14 230 万 m^3，地下水资源量模数为 17.74 万 m^3/km^2。

3）水资源总量

大沽河流域多年平均水资源总量 70 016 万 m^3，产水模数 16.01 万 m^3/km^2，产水系数 0.24。20%、50%、75% 和 95% 频率年份流域水资源总量分别为 108 139 万 m^3、55 439 万 m^3、28 608 万 m^3 和 8 430 万 m^3。

2.2.2 水资源及开发利用现状

根据《第三次山东省水资源调查评价总报告》成果，2010～2016 年大沽河流域年平均总供水量为 32 488 万 m^3，其中年地表水量 17 183 万 m^3，年地下水供水量 15 765 万 m^3，其他水源年供水量 25 万 m^3。

2010～2016 年大沽河流域年平均总用水量为 32 488 万 m^3，其中，农业、工业、生活、生态环境年用水量分别为 21 076 万 m^3、4 305 万 m^3、6 448 万 m^3 和 659 万 m^3。

2.3 水利工程概况

大沽河流域内目前已经建成 2 座大型水库、10 座中型水库、90 座小型水库，塘坝拦河闸 1 250 座。

2.3.1 水库

大沽河流域大中型水库概况详见图 2-3、表 2-3。

产芝水库：位于莱西市水集街道产芝村东北大沽河干流中上游，是一座以防洪为主，兼有供水、灌溉、养殖和旅游开发等功能的大（2）型水库。控制流域面积为 879 km^2，流域内建有中型水库 2 座、小（1）型水库 13 座、小（2）型水库 92 座。

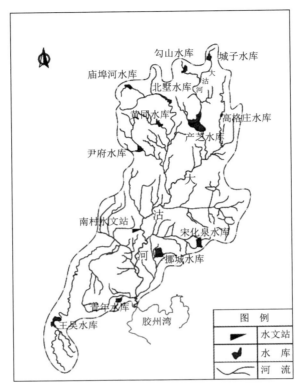

图 2-3　大沽河流域大中型水库位置图

总库容为 37 980 万 m³,调洪库容 19 480 万 m³,兴利库容 21 600 万 m³。防洪标准为 100 年一遇洪水标准设计,5 000 年一遇洪水标准校核。水库灌区设计灌溉面积 28 万亩。

尹府水库:位于平度市云山镇北王戈村西北,小沽河水系支流猪洞河的中下游,是一座具有防洪、供水、灌溉和养殖等综合利用功能的大(2)型水库。控制流域面积 178 km²,流域内建有小(1)型水库 1 座、小(2)型水库 14 座,总库容 14 458 万 m³,调洪库容 6 358 万 m³,兴利库容 7 380 万 m³。防洪标准为 100 年一遇洪水标准设计,5 000 年一遇洪水标准校核。水库灌区设计灌溉面积 13.5 万亩,有效灌溉面积 6 万亩。

勾山水库:位于招远市夏甸镇薄家村北,大沽河支流薄家河中游,是一座集防洪、供水、灌溉、养殖等综合利用为一体的中型水库。控制流域面积 100 km²,流域内建有小(1)型水库 1 座、小(2)型水库 18 座。总库容 3 920 万 m³,调洪库容 2 000 万 m³,兴利库容 1 680 万 m³。防洪标准为 50 年一遇洪水标准设计,

表 2-3 大沽河流域大中型水库特征值

序号	水库名称	集水面积 /km²	总库容 / 万 m³	兴利库容 / 万 m³	水库类型	流经县(市、区)
1	产芝水库	879	37 980	21 600	大(2)型	莱西市
2	尹府水库	178	14 458	7 380	大(2)型	平度市
3	勾山水库	100	3 920	1 680	中型	招远市
4	城子水库	120	4 200	2 200	中型	招远市
5	北墅水库	301	4 961	2 237	中型	莱西市
6	黄同水库	122	5 274	2 450	中型	平度市
7	高格庄水库	129	1 961	788	中型	莱西市
8	庙埠河水库	24.9	1 019	578	中型	莱州市
9	宋化泉水库	41	2 461	1 525	中型	即墨区
10	挪城水库	51	1 323	1 052	中型	即墨区
11	王吴水库	344	7 120	2 762	中型	高密市、胶州市
12	青年水库	25.6	1 048	720	中型	胶州市

1 000 年一遇洪水标准校核。勾山水库生态环境良好,已引来无数天鹅在此越冬,成为远近闻名的天鹅湖。

城子水库:位于招远市毕郭镇西城子村西北,大沽河上游,是一座集防洪、灌溉、供水等综合利用为一体的中型水库,控制流域面积 120 km²,流域内建有小(1)型水库 3 座、小(2)型水库 14 座。总库容 4 200 万 m³,调洪库容 2 491 万 m³,兴利库容 2 200 万 m³。防洪标准为 50 年一遇洪水标准设计,1 000 年一遇洪水标准校核。

北墅水库:位于莱西市南墅镇北墅村北,小沽河上游,属淮河流域,是一座集防洪、供水、灌溉、养殖等综合利用为一体的中型水库。控制流域面积 301 km²,流域内建有中型水库 1 座、小(1)型水库 4 座、小(2)型水库 25 座。总库容 4 961 万 m³,调洪库容 2 724 万 m³,兴利库容 2 237 万 m³。防洪标准为 100 年一遇洪水标准设计,1 000 年一遇洪水标准校核。

黄同水库:位于平度市东北部,祝沟镇北黄同村西北黄同河中游,是一座集防洪、灌溉、养殖等综合利用为一体的中型水库。控制流域面积 122 km²,流域内建有小(1)型水库 1 座、小(2)型水库 19 座。总库容 5 274 万 m³,调洪库容 2 684

万 m³,兴利库容 2 450 万 m³。防洪标准为 100 年一遇洪水标准设计,1 000 年一遇洪水标准校核。

高格庄水库:位于莱西市城区东北部 18 km 处,坝址位于河头店镇高格庄村西北的洙河中游,是一座集防洪、供水、灌溉和养殖等综合利用为一体的中型水库。控制流域面积 129 km²,流域内建有小(1)型水库 1 座、小(2)型水库 11 座。总库容 1 961 万 m³,调洪库容 1 477.6 万 m³,兴利库容 788 万 m³。防洪标准为 100 年一遇洪水标准设计,1 000 年一遇洪水标准校核。

庙埠河水库:位于莱州市郭家店镇涧里村西,小沽河上游,是一座集防洪、灌溉、养殖等综合利用为一体的中型水库。控制流域面积 24.9 km²,流域内建有小(1)型水库 1 座、小(2)型水库 1 座。总库容 1 019 万 m³,调洪库容 427 万 m³,兴利库容 578 万 m³。防洪标准为 50 年一遇洪水标准设计,1 000 年一遇洪水标准校核。

宋化泉水库:位于即墨区北安街道办事处宋化泉村西,大沽河支流流浩河的上游,是一座以防洪为主,兼顾城市供水、灌溉、养殖等综合利用的中型水库。控制流域面积 41 km²。总库容 2 461 万 m³,调洪库容 816 万 m³,兴利库容 1 525 万 m³。防洪标准为 100 年一遇洪水标准设计,1 000 年一遇洪水标准校核。

挪城水库:位于即墨区西部,南泉镇挪城村西,大沽河支流桃源河中上游,是一座以防洪为主,兼有城市供水、灌溉、养殖等综合利用的中型水库。控制流域面积 30 km²,另通过小桥水库引入面积 21 km²。总库容 1 323 万 m³,调洪库容 211 万 m³,兴利库容 1 052 万 m³。防洪标准为 50 年一遇洪水标准设计,300 年一遇洪水标准校核。

王吴水库:位于高密市胶河生态发展区,胶河中上游,高密市与胶州市交界处,是一座以防洪为主,兼顾农业灌溉、城市供水和水产养殖等功能的中型水库。控制流域面积 344 km²,流域内建有小(1)型水库 6 座、小(2)型水库 22 座。总库容 7 120 万 m³,调洪库容 5 613 万 m³,兴利库容 2 762 万 m³。防洪标准为 50 年一遇洪水标准设计,1 000 年一遇洪水标准校核。

青年水库:位于胶州市城区东南方向 0.5 km 的池子崖河中下游,坝址坐落在三里河街道办事处池子崖村南岭和刘家村北岭之间。坝址以上控制流域面积 25.6 km²。水库总库容 1 048 万 m³,兴利库容 720 万 m³,死库容 51 万 m³,是一座以防洪为主,兼顾灌溉、供水等功能的中型调节水库。工程防洪标准为 100 年一遇洪水标准设计,1 000年一遇洪水标准校核。

2.3.2 闸坝

目前,大沽河干流主要拦河闸坝多分布于青岛市境内,大沽河拦河闸坝工程共19座,可拦蓄水量7 085万 m³,详见表2-4。

表2-4 大沽河干流主要拦河闸坝基本情况

序号	桩号	工程名称	拦水高度/m	拦蓄量/万 m³
1	4＋089	国道309拦河坝	2	55
2	6＋106	上海路橡胶坝	3	117
3	10＋000	沙埠橡胶坝	3.8	143
4	15＋800	早朝拦河闸	2.5	228
5	19＋400	孙受拦河闸	3	150
6	24＋790	许村拦河闸	3.3	197
7	28＋825	江家庄橡胶坝	2	73
8	31＋850	庄头拦河坝	3	92
9	35＋900	程家小里拦河闸	4	146
10	41＋070	孙洲庄拦河闸	4	266
11	44＋575	沙湾庄橡胶坝	3.5	241
12	49＋945	袁家庄橡胶坝	3.5	457
13	57－400	移风拦河闸	3.5	1 050
14	62＋080	崖头橡胶坝	3.2	702
15	67＋105	大坝拦河坝	3	212
16	74＋500	岔河橡胶坝	3	461
17	82＋000	引黄济青拦河闸	2.5	615
18	90＋000	贾疃橡胶坝	2.5	781
19	101＋500	南庄橡胶坝	2.5	1 099

2.3.3 水文站

大沽河干流现有水文站3处,分别为产芝水库水文站、南村水文站和隋家村水文站;支流小沽河设有尹府水库水文站,支流南胶莱河设有闸子水文站。详见表2-5。

表 2-5　大沽河流域水文站基本情况

水文站名称	地　　址	设站年份	集水面积/km²
产芝水库水文站	青岛莱西市水集街道产芝水库	1959	876
南村水文站	青岛平度市南村镇南村	1951	3 724
尹府水库水文站	青岛平度市云山镇尹府水库	1960	175
隋家村水文站	烟台招远市夏甸镇隋家村	2020	536
闸子水文站	青岛胶州市胶莱镇闸子集村	1971	1 277

 2.4 生态保护对象及要求

2.4.1　水生态环境情况

根据《第三次山东省水资源调查评价总报告》,大沽河 1956～2016 年流域汛期、非汛期和全年径流量均有所下降;河道断流频发,1980～2016 年每年均发生断流,平均年断流 3 次,断流 116 km,有 9 年甚至达到了全年断流。

大沽河流域湖泊水生态环境较好,2001～2016 年间水面面积变化不大,截至目前未发生干涸现象。大沽河流域生态水量保障程度总体呈下降趋势,20 世纪 70 年代生态水量保障程度最高,2010～2016 年生态水量保障程度最低。结合流域 2001～2016 总用水量、降水量和水面蒸发量变化情况分析可知,上游天然来水不足、水面蒸发量大和水资源开发利用是造成生态水量保障程度下降与河道断流频发的主要原因。

大沽河不同水体类型水质变化情况有所不同。地表水中,河流水质大多为Ⅲ类水,评价河流中小沽河水质较差。所有河流存在轻度富营养化现象,2000～2016 年河流水质略有改善。水库水质均存在轻度富营养化现象,2000～2016 年水库水质总氮污染有所加重。水功能区水质状况良好,干流水质 100% 达标,支流水功能区水质较差,主要超标污染物为总磷、总氮和硝酸盐。流域地下水水质一般,平原区地下水多数指标达标,超标率较高的指标为总硬度和硝酸盐;流域重要地下水饮用水水源地水质情况较好,仅 1 个水源地存在总硬度超标。

总体而言,受降水、蒸发等天然因素和开发利用等人为因素影响,近年来流域生态水量保障程度下降,河道断流频发,对流域水生态环境造成一定损害。随着最严格水资源管理制度的实施和污水处理能力的增加,流域部分水体水质有所改善,但部分河段仍存在监管不严的现象,部分支流水质状况较差,存在水质恶化的现象。

2.4.2　生态敏感区、生态保护对象及要求

大沽河流域涉及的生态敏感区共有 14 个,包括 12 个饮用水源区、1 个水库水源地保护区、1 个国家湿地公园。其中涉及干流的生态敏感区共 8 个,包括产芝水库青岛饮用水源区、大沽河莱西饮用水源区、大沽河青岛饮用水源区、大沽河胶州饮用水源区、大沽河棘洪滩水库水源地保护区、大沽河招远饮用水源区、勾山水库招远饮用水源区、少海国家湿地公园。

少海国家湿地公园内生物物种丰富,有湿地维管束植物 93 种,裸子植物 2 种,被子植物 87 种,野生脊椎动物 166 种。其中:一级保护植物 3 种,二级保护植物 4 种;一级保护动物 2 种,二级保护动物 18 种;另外,国家"三有"保护动物有 106 种,山东省重点保护动物有 20 种,列入《濒危动植物种国际贸易公约》的物种有 21 种。

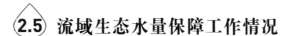 2.5　流域生态水量保障工作情况

2.5.1　工作情况

青岛市十分重视大沽河生态问题研究工作,2015 年开展了"青岛市大沽河健康生命评价指标体系探究"工作,2019 年又开展了"青岛市典型河流(水库、湖泊)生态水量(水位)管理指标体系及闸坝调度规程项目技术研究"工作,基本摸清了大沽河生态状况和河流生态水量控制目标。通过不同的研究方法,对大沽河南村、南庄断面的基本生态水量进行了计算,对不同成果的非汛期、汛期基本生态需水量进行了统计,并分析其占多年平均天然径流量的比例。

2019 年,烟台市水利局委托河海大学开展"烟台市主要河流生态流量保护规划及研究"工作,提出大沽夹河、五龙河、王河、黄水河、界河、辛安河、大沽河、黄金河、平畅河、东村河、龙山河、泳汶河、沁水河等 13 条主要河流生态流量(水量)及保障措施。其中,提出大沽河流域烟台段位于招远南部丘陵地带,生态补

水水源主要依靠天然径流,规划新建拦河闸坝增加汛期拦蓄水量以保障河道生态基流。

2017年山东省水利厅组织开展"山东省重要河道生态水量研究"工作。研究对象为山东省重要河道生态水量,其中对于大沽河流域,分析河流水生态系统健康状况和存在的问题,确定河流分区功能及水生态系统重点保护目标。结合大沽河水资源和水环境承载状况,对河流的生态水量进行分级分类,提出重要河流断面的生态需水量等生态指标。

2.5.2　工作成效

1)对生态水量重要性的认识显著提高

党的十八大明确提出大力推进生态文明建设,努力建设美丽中国,"绿水青山就是金山银山"的理念逐渐深入人心。水利部为加快水生态文明建设工作,陆续出台了多个指导意见,把生态水量保障作为水生态文明建设的一项重要任务。在此背景下,随着生态水量(水位)试点工作的推进,各级水行政主管部门对生态水量的认识进一步加深,并深刻意识到生态水量保障工作对维护水安全、生态安全的重要意义,明确了自身职责,开展生态水量保障工作的积极性和主动性普遍提高,这也有利于省、市、县等各级水行政主管部门之间理顺生态水量管理机制,保证了大沽河流域生态水量保障工作顺利开展。

2)生态水量保障工作机制初步建立

各级水行政主管部门全面总结流域内生态水量工作经验和存在的问题,在管理断面的确定、控制目标的制定、监测体系、预警方案和管控机制建设等方面深入研讨,配合省有关部门开展大沽河生态水量保障目标和管控措施,制定有关研究工作,初步分析了生态水量保障可能性,为进一步推进流域生态水量管理工作积累了经验。

2.5.3　存在的问题

1)生态水量保障难度大

大沽河水资源总量不足,人均水资源量少,径流量年内分配不均、年际变化大,属于典型北方季节性河流,为大沽河水资源开发与利用带来很大困难。同时,该流域生产、生活、生态用水矛盾突出,生态水量保障难度大。

2）生态水量调度的体制机制有待完善

区别于防洪调度和其他应急水量调度，生态水量调度的体制机制有待完善。同时，流域内水库、闸坝管理分散，日常运行多数未考虑生态用水，生态水量统一调度难度很大。

3）生态水量管理工作基础能力薄弱

生态水量的监测、预报预警、调度决策及评估考核系统基本没有建立，严重影响了生态水量调度工作的科学性。许多已建水利工程无生态水量泄放设施，生态水量在线监测能力与生态水量管理工作需求尚不适应。

2.6 本章小结

本章在对大沽河流域自然地理、水文气象、河流水系、水利工程、经济社会基本情况等进行概述的基础上，阐述了水资源及其开发与利用情况。根据《青岛市第三次水资源调查评价》成果，研究了大沽河流域水生态环境情况，重点对生态敏感区、生态保护对象及要求进行了分析。在总结大沽河流域生态水量保障已开展工作情况的基础上，总结了工作成效，指出了存在的问题。

第**3**章 ▶▶▶

水文特征分析

3.1 基础水文数据资料

目前大沽河干流上仅南村和产芝水库两个水文站具有长序列逐日水文资料。南村水文站位于青岛平度市南村镇南村,于1951年建成,控制流域面积3 724 km²。产芝水库水文站位于青岛莱西市水集街道产芝水库坝上,于1959年建成,控制流域面积876 km²。

由于个别水文站部分径流资料缺测,在实际分析过程中为保障数据的可靠性,仅采用连续性序列进行分析。因此本研究采用《青岛市第三次水资源调查评价》成果中南村水文站资料进行分析。

3.2 水文特征分析内容和方法

受气候变化和人类活动双重因素影响,流域内降水、蒸发、径流等水文要素有可能发生重大变化,如降水量减少、河道径流减少甚至断流等。由此,水文特征分析重点涉及降水量、蒸发量、径流量趋势变化和周期变化,重点对干流河道径流变化影响因素进行识别量化。水文要素趋势分析的常用方法有线性倾向估计法、肯德尔(Kendall)秩次相关法等,突变检验的常用方法有Mann-Kendall检验、累积距平曲线、滑动T检验等,周期性分析常用小波变换法等,变化贡献率分析常用双累积曲线法等。

3.2.1 线性倾向估计法

假定一个样本时间序列为 $x_1, x_2, \cdots, x_n$，其对应的时序值为 $t_1, t_2, \cdots, t_n$，建立一元线性方程：

$$x_i = a + bt_i + \varepsilon_i \quad (i = 1, 2, \cdots, n) \qquad (3-1)$$

式中：a 为常数，b 为趋势系数，ε_i 为随机误差项。若 b 为正值，说明 x 与 t 呈正相关关系，x 随 t 增大而增大；若 b 为负值，说明 x 与 t 呈负相关关系，x 随 t 增大而减小；若 $b = 0$，则说明 x 与 t 无相关关系，方程为一条平行于横坐标的直线。求出参数 b 的估计值 $\hat{b}$ 的方差估计值：

$$S^2(\hat{b}) = \frac{\sum_{i=1}^{n} (x_i - \bar{x})^2 - \hat{b}^2 \sum_{i=1}^{n} (t_i - \bar{t})^2}{n - 2} \qquad (3-2)$$

式中：$\bar{x}$、$\bar{t}$ 分别为序列的均值。

显著性检验：假设序列不存在线性趋势，即 $b = 0$。统计量 $T = \hat{b} / S(\hat{b})$ 服从自由度为 $(n-2)$ 的 t 分布。对于给定的显著性水平 p，在 t 分布表中查出临界值 $t_{p/2}$。如果 $|T| > t_{p/2}$，则原假设不正确，序列线性趋势显著；反之，则原假设正确，即序列线性趋势不显著[110]。

3.2.2 Mann-Kendall 检验

Mann-Kendall 检验又称 MK 趋势检验法，是世界气象组织（WMO）推荐并已被广泛使用的一种非参数检验方法。该方法的优点是不需要待检序列遵从一定的分布，其具体原理为[111]：

对于长度为 n 的时间序列 $X = \{x_1, x_2, \cdots, x_n\}$，定义统计量 S 为：

$$S = \sum_{i < j} a_{ij} \qquad (3-3)$$

其中

$$a_{ij} = \mathrm{sign}(x_j - x_i) = \begin{cases} 1 & (x_i < x_j) \\ 0 & (x_i = x_j) \\ -1 & (x_i > x_j) \end{cases} \qquad (3-4)$$

假设各变量独立同分布，当 $n \geqslant 10$ 时，统计量 S 近似服从正态分布，其均值 $E(S) = 0$，其方差为：

$$\text{var}(S) = n(n-1)(2n+5)/18 \qquad (3-5)$$

MK 检验统计量可用下式计算：

$$Z = \begin{cases} \dfrac{S-1}{\sqrt{\text{var}(S)}} & (S>0) \\ 0 & (S=0) \\ \dfrac{S+1}{\sqrt{\text{var}(S)}} & (S<0) \end{cases} \qquad (3-6)$$

Z 服从标准正态分布。当 $Z>0$ 时，存在上升的趋势；当 $Z<0$ 时，存在下降的趋势。采用双侧检验，在显著水平 α 下，如果 $|Z|>Z_{(1-\alpha/2)}$，拒绝无趋势的假设，即认为序列 X 中存在有增大或减小的趋势；否则，接受序列 X 无趋势的假设。$Z_{(1-\alpha/2)}$ 是概率超过 $(1-\alpha/2)$ 时标准正态分布的值，本研究中显著性水平 α 取 0.05，对应的 $Z_{(1-\alpha/2)}$ 值为 1.96。

1）MMK 检验

MK 趋势检验方法基于序列独立性假设，序列的相关性明显影响 $\text{var}(S)$，序列负的相关性会增大 $\text{var}(S)$，对于具有负相关性的序列直接用 MK 趋势检验方法检验，将导致对序列趋势显著性的低估；反之，将导致对序列趋势显著性的高估[112]。

Hamed 和 Rao 提出了一种考虑时间序列滞后自相关性的改进 MK 趋势检验方法，并在实践中证明了其有效性[113]。本研究采用该方法来检测大沽河径流序列在显著水平 $\alpha=0.05$ 时的趋势性，主要计算过程如下[114]：

（1）对于时间序列 $X=\{x_1, x_2, \cdots, x_n\}$，首先采用 Theil-Sen 法计算变化趋势坡度估计量 β。Theil-Sen 法的优点是不易受极端值的影响。若时间序列中存在极端值，一般线性回归方法受此极端值所影响，会产生高估或低估的斜率。而 Theil-Sen 法取时间序列任意两点斜率的中位数作为真实斜率，不受极端值的影响[115]。计算公式为：

$$\beta = \text{median}\,\frac{x_j-x_i}{j-i} \quad (j=1,2,\cdots,n; \ i=1,2,\cdots,j-1) \qquad (3-7)$$

式中：β 为时间序列中两点之间斜率的中位数；x_j 和 x_i 分别为时间序列中 j 与 i 时刻 $(j>i)$ 所对应的数据值。

（2）从原始序列 $X = \{x_1, x_2, \cdots, x_n\}$ 中减去该趋势项 $T = \{t_1, t_2, \cdots, t_n\}$，获得与原序列相应的平稳序列 $Y' = \{y'_1, y'_2, \cdots, y'_n\}$：

$$y'_i = x_i - t_i = x_i - \beta \times i \tag{3-8}$$

然后，分别求 y'_i 从小到大对应的秩次 y_i，得到 Y' 的秩序列 $Y = \{y_1, y_2, \cdots, y_n\}$。

（3）计算秩序列 Y 滞后 i 步的自相关系数 $\rho(i)$，并进行显著性水平 $\alpha = 0.05$ 的检验：

$$\rho(i) = \frac{\sum_{k=1}^{n-i} (y_k - \overline{y}_k)(y_{k+i} - \overline{y}_{k+i})}{\left[\sum_{k=1}^{n-i} (y_{k+i} - \overline{y}_{k+i})^2 \sum_{k=1}^{n-i} (y_k - \overline{y}_k)^2 \right]^{0.5}} \tag{3-9}$$

式中：$\overline{y}$ 是所有 $Y = \{y_1, y_2, \cdots, y_n\}$ 的平均值，$i = 0, 1, 2, \cdots, n-2$。$\rho(i)$ 在 95% 置信水平的下限和上限，计算公式如下：

$$CL(\rho(i))(\alpha = 0.05) = \frac{-1 \pm 1.96\sqrt{n-i-1}}{n-i} \tag{3-10}$$

式中：取"$+$"为上限，取"$-$"为下限；若 $\rho(i)$ 落在上、下限之间，则 y_i 是 j 阶独立的，反之相依。

（4）将通过式（3-10）置信水平检验的 $\rho(i)$ 代入式（3-11），求解具有相关性序列的趋势统计量 $\text{var}^*(S)$ 的方差：

$$\eta = 1 + \frac{2}{n(n-1)(n-2)} \sum_{i=1}^{n-1} (n-i)(n-i-1)(n-i-2)\rho(i) \tag{3-11}$$

$$\text{var}^*(S) = \eta \times \text{var}(S) \tag{3-12}$$

式中：$\text{var}(S)$ 为利用式（3-5）计算的假设序列独立情况下统计量 S 的方差估计量。

（5）将 $\text{var}^*(S)$ 代入式（3-6），求出 MMK 趋势检验方法的统计量 Z_{MMK}，可进一步依据所设定的显著性水平判定序列趋势的显著性。

2）预置白 MK 检验（PW-MK）

计算序列 X 的一阶自相关系数 $\rho(1)$，在显著水平 α 下，采用双侧检验进行显著性检验：

$$\frac{-1 - Z_{(1-\alpha/2)}\sqrt{n-2}}{n-1} \leqslant \rho(1) \leqslant \frac{-1 + Z_{(1-\alpha/2)}\sqrt{n-2}}{n-1} \tag{3-13}$$

当 $\alpha = 5\%$ 时，$Z_{(1-\alpha/2)} = 1.96$。假设数据系列为一阶自相关过程 AR（1），采取预置白方法剔除序列的自相关性：

$$X'_t = X_t - \rho(1) \times X_{t-1} \qquad (3-14)$$

式（3-14）产生的新序列 X'_t 不具有自相关性，应用 MK 方法来检验此重组序列趋势项的显著性[116]。

3）去趋势预置白 MK 检验（TFPW-MK）

去趋势预置白 MK 检验流程为[117]：

（1）将原序列 X 分别除以样本数据的均值 $E(X)$，这样得到一组新的样本数据 X'，该样本数据的均值等于 1，且保持了原样本数据的特性。采用式（3-7）计算新样本数据的坡度 β。

（2）假定序列 X_t 的趋势项 T_t 是线性的，则采用式（3-8）去掉样本数据中的趋势项，形成不含趋势项的序列 Y'。

（3）计算序列 Y' 的一阶自相关系数 $\rho(1)$。如果 $\rho(1)$ 值较小，满足式（3-13），可认为序列 Y' 是独立的，可以直接应用 MK 方法对序列 X_t 进行检验；否则，认为序列是自相关的，需要采取式（3-14）移掉序列中的自相关项［AR（1）］。残余下来的序列 Y'_t（白噪声）应该是独立的序列。

（4）将趋势项 T_t 和残余项 Y'_t 结合起来，重新组合成一组新的序列：

$$Y''_t = Y'_t + T_t \qquad (3-15)$$

该序列将不再受自相关性的影响，可以应用 MK 方法来检验此重组序列中趋势的显著性。

4）Mann-Kendall 突变检验法

对于样本个数为 n 的时间序列 $X = \{x_1, x_2, \cdots, x_n\}$，构造一秩序列：

$$S_k = \sum_{i=1}^{k} r_i \quad (k = 2, 3, \cdots, n) \qquad (3-16)$$

其中：

$$r_i = \begin{cases} 1 & x_i > x_j \\ 0 & x_i \leqslant x_j \end{cases} \quad (j = 1, 2, \cdots, i) \qquad (3-17)$$

可见，秩序列 S_k 是第 i 时刻数值大于第 j 时刻数值个数的累计数。在时间序列随机独立的假定下，定义统计量：

$$UF_k = \frac{S_k - E(S_k)}{\sqrt{V(S_k)}} \quad (k = 1, 2, \cdots, n) \tag{3-18}$$

式中：$UF_1 = 0$，$E(S_k)$、$V(S_k)$分别是累计数S_k的均值和方差。在$x_1, x_2, \cdots, x_n$相互独立且有相同连续分布时，可分别由下式计算（$k = 2, 3, \cdots, n$）：

$$E(S_k) = \frac{k(k-1)}{4} \tag{3-19}$$

$$V(S_k) = \frac{k(k-1)(2k+5)}{72} \tag{3-20}$$

UF_k是根据时间序列x_i计算出的统计序列，为标准正态分布。再按照时间序列逆序$x_n, x_{n-1}, \cdots, x_1$重复进行上面的步骤，同时令$UB_k = -UF_k (k = n, n-1, \cdots, 1)$，$UB_1 = 0$。给出显著水平$\alpha$，如$\alpha = 0.05$，查正态分布表，得临界值$u_{0.05} = \pm 1.96$，将$UB_k$和$UF_k$统计序列曲线和$\pm 1.96$两条直线绘在同一张图上。检验曲线图，若$UF_k$在临界值中间变动，则说明变化趋势不显著；若$UF_k$值大于0，则序列呈上升趋势，反之呈下降趋势；若$UF_k$超过临界值，则说明上升或下降趋势显著。如果$UB_k$和$UF_k$两条曲线在临界线之间出现交点，则交点对应的时刻即为突变开始的时间；若交点出现在临界线外，或在临界线之间出现多个交点，可结合其他检验方法进一步判定其是否为突变点[110,118]。

3.2.3　滑动 T 检验

滑动 T 检验通过考察两个样本平均值的差异是否显著来检验突变点。假设时间序列$X = \{x_1, x_2, \cdots, x_n\}$，从总体中分别抽取样本容量$n_1$和$n_2$，定义统计量：

$$T = \frac{\overline{x}_1 - \overline{x}_2}{S\sqrt{\dfrac{1}{n_1} + \dfrac{1}{n_2}}} \tag{3-21}$$

其中：

$$S = \sqrt{\frac{n_1 S_1^2 + n_2 S_2^2}{n_1 + n_2 - 2}} \tag{3-22}$$

式中：$\overline{x}_1$、$\overline{x}_2$为两个样本的均值，S_1^2、S_2^2为两个样本的方差。

式（3-21）服从自由度（$n_1 + n_2 - 2$）的t分布。根据给定的显著性水平α，查t分布表得到临界值$t_{\alpha/2}$。当$|T_i| > t_{\alpha/2}$时拒绝原假设，说明存在显著性差异；反之，

则接受原假设,即不存在显著性差异。该方法的缺点是子序列时段的选择具有人为性。为避免任意选择子序列长度造成突变点的漂移,具体使用这一方法时,可以反复变动子序列长度进行比较,提高计算结果的可靠性[119]。

3.2.4　累积距平曲线法

累积距平曲线法是一种直观判断趋势变化的方法,核心是离散数据大于平均值,累积距平值增大,则曲线呈现上升趋势;反之,则曲线呈下降趋势。根据累积距平曲线的波动起伏,可以判断长期的演变趋势以及变化趋势发生突变的时间。具体步骤为:

(1)计算大沽河径流量的多年平均值,然后利用年径流量减去年径流量的多年平均值得到每年径流量的距平值,再将每年径流量的距平值按照时间序列进行累加,得到大沽河径流量的累积距平值。

(2)根据大沽河径流量的累积距平值绘制累积距平曲线。若累积距平曲线呈现上升的趋势,则表明累积距平值增大,年径流量大于年径流量的多年平均值;若累积距平曲线呈现下降的趋势,则表明累积距平值减小,年径流量小于年径流量的多年平均值。

(3)这两种趋势的交汇处所对应的年份即为大沽河径流量的突变年份[120]。

累积距平值的计算公式为[121]:

$$X_t = \sum_{i=1}^{t} (x_i - \overline{x}) \quad (t = 1, 2, \cdots, n) \quad (3-23)$$

式中:X_t 为径流量在某一时刻的累积距平;x_i 为径流量在 i 时刻的大小;$\overline{x}$ 为径流量的多年平均值。

3.2.5　小波分析法

小波分析是一种信号处理方法,用一簇频率不同的振荡函数作为窗口函数 $\varphi(t)$ 对信号 $f(t)$ 进行扫描和平移,提取出径流序列中反映其变化规律的成分。小波分析能够同时从时域和频域揭示时间序列的局部特性,适合于研究具有多时间尺度变化特性的非平稳信号。各种气象因子、水文过程都可以看作是随时间有周期性变化的信号。基本小波函数 $\varphi(t)$ 有墨西哥帽小波(Mexican hat)、Morlet 复小波和 Wave 小波等,本研究采用 Morlet 复小波对大沽河径流序列进行多时间尺度特性分析[122,123],把时间序列分解为不同尺度(低频和高频成分)的小波系数和尺度系数,再根据时间序列低频和高频成分,分析序列的变化趋势和周期组成。

1）小波函数

小波分析的基本思想是用一簇小波函数系来表示或逼近某一信号或函数。因此,小波函数是小波分析的关键。小波函数是指具有震荡性、能够迅速衰减到零的一类函数。小波函数 $\psi(t) \in L^2(R)$ 且满足:

$$\int_{-\infty}^{+\infty} \psi(t)\mathrm{d}t = 0 \tag{3-24}$$

式中:$\psi(t)$ 为基本小波函数,本研究选用 Morlet 复小波对径流序列进行周期性分析,Morlet 基本小波函数形式如下:

$$\psi(t) = \exp(-t^2/2)\exp(i\omega t) \tag{3-25}$$

将基本小波函数经过尺度的伸缩和时间轴上的平移构成一簇函数系:

$$\psi_{a,b}(t) = |a|^{-1/2} \psi\left(\frac{t-b}{a}\right) \quad (a, b \in \mathbf{R}, 且 a \neq 0) \tag{3-26}$$

式中:$\psi_{a,b}(t)$ 为子小波;a 为尺度因子,反映小波的周期长度;b 为平移因子,反映时间上的平移。

2）小波变换

若 $\psi_{a,b}(t)$ 是由式(3-26)给出的子小波,对于给定的能量有限信号 $f(t) \in L^2(R)$,其连续小波变换(Continue Wavelet Transform,简写为 CWT)为:

$$W_{\mathrm{f}}(a, b) = |a|^{-1/2} \int_{\mathbf{R}} f(t) \overline{\psi}\left(\frac{t-b}{a}\right) \mathrm{d}t \tag{3-27}$$

式中:$W_{\mathrm{f}}(a, b)$ 为小波变换系数;$f(t)$ 为一个信号或平方可积函数;a 为伸缩尺度;b 为平移参数;$\overline{\psi}\left(\frac{x-b}{a}\right)$ 为 $\psi\left(\frac{x-b}{a}\right)$ 的复共轭函数。

水文观测到的时间序列数据大多是离散的,设函数 $f(k\Delta t)(k = 1, 2, \cdots, N;$ Δt 为取样间隔),则式(3-27)的离散小波变换形式为:

$$W_{\mathrm{f}}(a, b) = |a|^{-1/2}\Delta t \sum_{k=1}^{N} f(k\Delta t) \overline{\psi}\left(\frac{k\Delta t - b}{a}\right) \tag{3-28}$$

由式(3-27)或式(3-28)可知小波分析的基本原理,即先通过增加或减小伸缩尺度 a 来得到信号的低频或高频信息,然后分析信号的概貌或细节,实现对信号不同时间尺度和空间局部特征的分析。

实际研究中,最主要的就是先由小波变换方程得到小波系数,然后通过这些系数来分析时间序列的时频变化特征。

3) 小波方差

将小波系数的平方值在 b 域上积分,就可得到小波方差,即:

$$Var(a) = \int_{-\infty}^{+\infty} |W_f(a, b)|^2 db \qquad (3-29)$$

小波方差随尺度 a 的变化过程,称为小波方差图。由式(3-29)可知,它能反映信号波动的能量随尺度 a 的分布状态。因此,小波方差图可用来确定信号中不同尺度扰动的相对强度和存在的主要时间尺度,即主周期。

3.2.6 累积量模拟比较法

采用 Mann-Kendall 检验、滑动 T 检验、累积距平曲线法对大沽河径流量进行突变性检验分析,识别径流量时间序列的突变点。以径流量突变点前作为受人类活动影响较小的基础期,采用双累积曲线建立径流量突变前累积径流量与累积降水量关系式,并用人类活动影响显著时期(变异期)累积降水量计算得到变异期的模拟累积径流量,认为模拟径流量与基准期人类活动影响条件近似相同,模拟径流量与基准期径流量之间的差值是由气候变化造成的。对比人类活动影响显著时期与基础期的实测径流量、天然径流量、模拟计算径流量等变化,分析得到不同时期气候变化和人类活动对径流量影响的贡献率[124]。

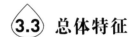

3.3 总体特征

3.3.1 天然径流量还原计算

依据大沽河干流南村水文站实测径流资料,对水文站控制流域范围内受水利工程和其他因素影响而损耗或增加的河川径流量逐月、逐年进行还原计算,求得历年天然月、年径流量。径流还原计算的主要项目有:农业灌溉耗水量、工业和生活用水耗水量、蓄水工程水面蒸发损失水量、渗漏损失水量和蓄水变量、跨流域引水或分洪增加或减少的河川径流量等。

径流还原计算采用分项调查分析法，主要依据实测资料和调查的水文资料，采用流域水量平衡方程进行计算：

$$W_{天然} = W_{实测} + W_{还原} \qquad (3\text{-}30)$$

$$W_{还原} = W_{农耗} + W_{工业} + W_{生活} \pm W_{蓄水} \pm W_{引水} \pm W_{分洪} + W_{其他} \qquad (3\text{-}31)$$

式中　$W_{天然}$——还原后的天然径流量；

$\quad\quad W_{实测}$——水文站实测径流量；

$\quad\quad W_{还原}$——还原总水量；

$\quad\quad W_{农耗}$——农业灌溉耗水量；

$\quad\quad W_{工业}$——工业用水耗水量；

$\quad\quad W_{生活}$——城镇生活用水耗水量；

$\quad\quad W_{蓄水}$——水库蓄水变量，增加为正，减少为负；

$\quad\quad W_{引水}$——跨流域引水增加或减少的河川径流量，引出为正，引入为负；

$\quad\quad W_{分洪}$——河道分洪缺口水量，分出为正，分入为负；

$\quad\quad W_{其他}$——其他还原项，根据具体情况来选用。对于渗漏量较大的水库，该项即为渗漏量。

此次径流还原计算，采用分项调查分析法对控制站以上地表水的蓄、引、提用水量进行还原，可以将实测径流量系列还原为近期下垫面条件下的天然径流量系列。

3.3.2　数据统计特征

1956～2016年大沽河南村水文站年降水量、年蒸发量、年径流量数据特征见表3-1。

由表3-1可见，降水量、蒸发量离势系数较小，数据系列年际变化较小；偏态系数 $C_S > 0$，表明均值在众数之右，降水量、蒸发量、径流量序列都是右偏分布；C_S 值越大，均值对应的频率越小，频率曲线的中部越向左偏，且上段越陡，下段越缓。径流量峰度系数 C_E 较大，表明两侧极端数据分布范围较广；蒸发量峰度系数小于0，表示该数据系列分布与正态分布相比较为平坦，为平顶峰；其他3个序列峰度系数大于0，表示数据系列分布与正态分布相比较为陡峭，为尖顶峰。

表 3-1 大沽河南村水文站 1956～2016 年气象数据特征

特征值	降水量/mm	蒸发量/mm	实测径流量/亿 m³	天然径流量/亿 m³
样本数 n	61	61	61	61
均值 $\bar{x}$	667	953	3.36	4.21
方差 S^2	33 559	19 278	22.56	18.26
离势系数 C_V	0.27	0.15	1.41	1.01
偏态系数 C_S	1.15	0.68	3.00	2.89
峰度系数 C_E	3.55	−0.20	12.32	13.17
最大值 Q_{max}	1 425	1 332	28.30	27.20
最小值 Q_{min}	340	737	0	0.10
Q_{max}/Q_{min}	4.20	1.81	—	281
极差 R	1 085	594	28.30	27.10

大沽河南村水文站 1956～2016 年降水量、天然径流量年内分布情况如图 3-1。由图 3-1 可见，大沽河径流量年内分布不均，7～9 月份是产流的集中时期，7～9 月份径流量之和占全年径流量的 83.1%，其中 8 月份产流占全年的 39.3%。由于大沽河流域属于暖温带大陆性季风气候，降雨主要集中在夏季，汛期（6～9 月份）降水量占全年的 61.2%。

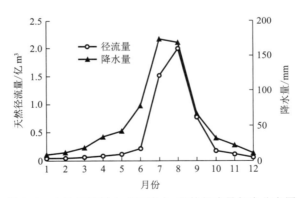

图 3-1 大沽河南村水文站降水、天然径流量年内分布图

由图 3-1 还可以看出，径流量峰值滞后于降水峰值，初期降雨主要用于补充土壤与地下水，只有当土壤含水量趋于饱和时，降雨产流能力才会大幅提高；同时，上游闸坝、水库等拦蓄工程也起到了削减洪峰、减少下泄水量的作用。

3.3.3 断流天数分析

根据大沽河干流南村水文站长系列实测日流量序列,统计分析各年份大沽河断流天数。经统计,南村水文站在 1956～2016 年断流天数总计 12 676 天,详见图 3-2 和图 3-3。其中,1956～1957 年、1960～1966 年、1971～1972 年、1974～1977 年未发生断流现象,自 1980 年起断流比较严重,多年发生全年断流。尤其是在 1987～2016 年的近 30 年时间内,大沽河河道每年断流天数都超过了 200 天,断流长度高达 116 km,年断流率为 100%。特别是 1981 年、1983 年、1984 年、1989 年、1992 年、2000 年、2006 年、2015 年和 2016 年甚至达到了全年断流。不断流的年份,流量主要集中在 7、8、9 月份。

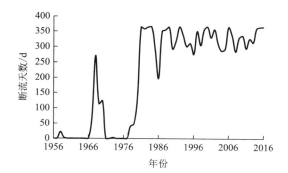

图 3-2 大沽河南村水文站断流天数年际变化图

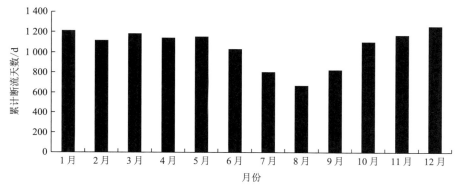

图 3-3 大沽河南村水文站累计断流天数年内分布图

3.4 变化趋势分析

3.4.1 线性趋势分析

1956~2016年大沽河南村水文站降水量、蒸发量、径流量年际变化趋势如图3-4所示,线性趋势分析结果见表3-2。

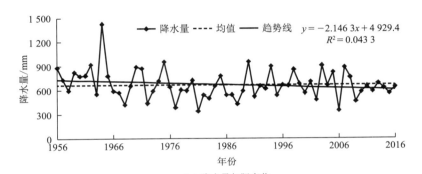

（a）降水量年际变化

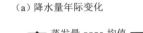
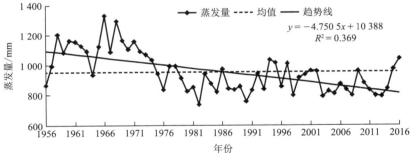

（b）蒸发量年际变化

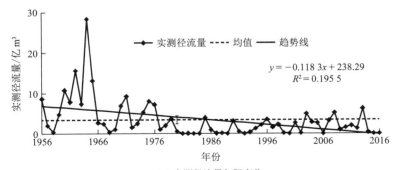

（c）实测径流量年际变化

图3-4　大沽河南村水文站降水量、蒸发量、径流量年际变化趋势图

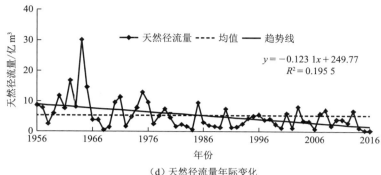

（d）天然径流量年际变化

续图 3-4　大沽河南村水文站降水量、蒸发量、径流量年际变化趋势图

表 3-2　大沽河南村水文站降水量、蒸发量、年径流量线性趋势分析

项目	降水量	蒸发量	实测径流量	天然径流量
趋势系数 b	−2.146 3	−4.750 5	−0.118 3	−0.123 1
t 统计量	−1.633 3	−5.873 3	−3.786 1	−3.786 6
t 临界值（$p < 0.05$）	1.999	1.999	1.999	1.999
趋势	减少	显著减少	显著减少	显著减少

　　总体上，1956～2016 年大沽河降水量、蒸发量、实测径流量、天然径流量均呈下降趋势，平均减少速率分别为 −2.146 3 mm/a、−4.750 5 mm/a、−0.118 3 亿 m^3/a、−0.123 1 亿 m^3/a。对线性趋势方程进行显著性检验，结果表明蒸发量、径流量均达到显著性水平（$p < 0.05$），降水量未通过显著检验。

　　由图 3-4（d）可知，大沽河南村水文站在 1956～2016 年平均年天然径流量为 4.21 亿 m^3。年天然径流量最大值出现在 1964 年，为 27.20 亿 m^3，最小值出现在 1968 年，为 0.10 亿 m^3，分别为多年平均值的 6.46 倍和 0.02 倍。

　　由图 3-4（c）可知，1956～2016 年的多年平均实测径流量为 3.36 亿 m^3，最大值出现在 1964 年，为 28.30 亿 m^3，为多年平均值的 8.42 倍；最小值为 0，共有 9 年实测径流量为 0，主要集中在 20 世纪 80 年代，1980～1989 年间有 4 年实测径流量为 0。20 世纪 80 年代胶东半岛遭遇大旱，青岛市供水频频告急，大沽河水资源被大量开采[125]。此后，尤其是 20 世纪 90 年代以后，大沽河流域与周边区域经济社会发展加速，强烈的人类活动深刻地改变了大沽河的径流情况。

3.4.2　MK 与改进 MK 趋势检验

采用 MK 法、MMK 法、PW-MK 法、TFPW-MK 法分别对大沽河南村水文站降水量、蒸发量、径流量序列进行趋势性分析,结果见表 3-3。

表 3-3　大沽河南村水文站降水量、蒸发量、径流量分析结果

项　　目		降水量	蒸发量	实测径流量	天然径流量
检验统计量 Z	MK	−1.189	−4.767*	−3.130*	−3.454*
	MMK	−1.079	−2.839*	−2.846*	−3.546*
	PW-MK	同 MK	−2.334*	−1.133	−2.097*
	TFPW-MK	同 MK	−2.358*	−1.786	−2.371*
一阶自相关系数	$\rho(1)$	−0.029 5	0.665	0.480	0.362
	上限	0.234 3			
	下限	−0.267 6			
变化趋势坡度 β		−1.475 mm/a	−4.832 mm/a	−0.054 亿 m³/a	−0.081 亿 m³/a

注:* 为通过显著性水平 $\alpha = 0.05$ 检验。

由表 3-3 可见,降水量、蒸发量、实测径流量、天然径流量的检验统计量都有 $Z < 0$,说明 1956～2016 年降水量、蒸发量、实测径流量、天然径流量都呈下降趋势;其中,实测径流量的 MK、MMK 统计量与蒸发量、天然径流量的 MK、MMK、PW-MK、TFPW-MK 统计量 $|Z| > 1.96$,下降趋势显著($p < 0.05$),其他项目未通过显著性检验。

MK 法基于序列独立性假设,未考虑序列的自相关关系,对于具有负相关性的序列直接用 MK 趋势检验方法检验,将导致对序列趋势显著性的低估;反之,将导致对序列趋势显著性的高估。改进的 MMK 法、PW-MK 法和 TFPW-MK 法均对时间序列的相关性进行了处理,虽然处理的过程各不相同,但都通过自相关系数剔除自相关性,降低了原时间序列变化趋势的显著性。

为降低极端值的影响,采用 Theil-Sen 法计算降水量、实测径流量、天然径流量变化趋势坡度 β 分别为 −1.475 mm/a、−0.054 亿 m³/a、−0.081 亿 m³/a,变化率均小于表 3-2 中的线性趋势方程系数。Theil-Sen 法首先计算任意两点的斜率,取它们的中位数代表时间序列的平均变化速率,消除了序列两端极大值和极小值的影响,因此与线性趋势法相比得到的变化趋势更平稳。蒸发量变化趋势坡

度 $\beta = -4.832$ mm/a，与表 3-2 中的线性趋势方程系数基本一致，说明蒸发量序列两端极大值和极小值对平均变化速率的影响较小。

MMK 法在考虑时间序列自相关性的过程中，首先利用变化趋势坡度 β 去掉了原时间序列的变化趋势，并对新序列的秩序求自相关系数，如图 3-5 所示。

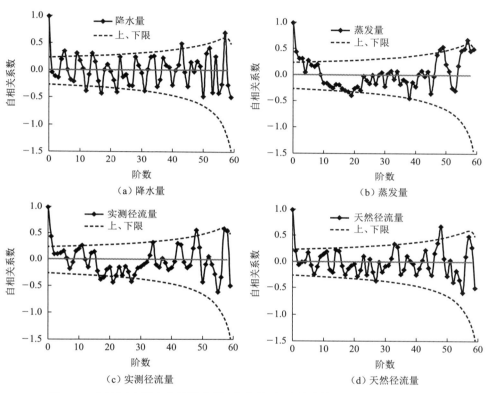

（a）降水量　　　　　　　　　　　　　（b）蒸发量

（c）实测径流量　　　　　　　　　　　（d）天然径流量

图 3-5　大沽河南村水文站降水量、蒸发量、径流量去趋势项的秩自相关系数

由图 3-5 可见，大部分自相关系数位于显著性水平（$p = 0.05$）上限与下限之间，天然径流量有 3 个自相关系数通过显著性检验，实测径流量有 7 个自相关系数通过显著性检验。除天然径流量外，其他 3 个序列通过显著性检验的自相关系数计算得统计量方差 $\mathrm{var}(S)$ 的修正系数为 $\eta > 1$，因此修正后的方差 $\mathrm{var}(S)_{\mathrm{MMK}} > \mathrm{var}(S)_{\mathrm{MK}}$，序列趋势统计量 $|Z_{\mathrm{MMK}}| < |Z_{\mathrm{MK}}|$。

预置白 MK 法（PW-MK）和去趋势预置白 MK 法（TFPW-MK）均只考虑了一阶自相关系数 $\rho(1)$。由表 3-3 可见，降水量的一阶自相关系数较小，满足式 $-0.2676 < \rho(1) < 0.2343$，未通过显著性检验（$p > 0.05$），不需剔除序列的自相关性,因此降水量的 PW-MK 法、TFPW-MK 法统计量与 MK 法相同。

蒸发量、实测径流量、天然径流量的一阶自相关系数通过了 $p=0.05$ 显著性水平检验,PW-MK 法与 TFPW-MK 法需剔除自相关性。PW-MK 法仅采用时间序列一阶自相关系数 $\rho(1)$ 剔除序列的自相关性,然后对得到的新序列计算趋势统计量 $Z_{\text{PW-MK}}$。TFPW-MK 法则首先将原时间序列值分别除以均值 $\bar{x}$,再计算新样本数据的坡度 β,由于进行了归一化处理,坡度比原序列变缓;然后,利用 $\rho(1)$ 去除序列中的自相关项,并重新添加趋势项后,计算趋势统计量 $Z_{\text{TFPW-MK}}$。

综上,PW-MK 法直接计算时间序列的一阶自相关系数,$\rho(1)$ 值最大,最终得到的趋势统计量 $|Z_{\text{PW-MK}}|$ 最小;TFPW-MK 法将原时间序列值分别除以均值 $\bar{x}$,进行归一化处理后再去掉趋势项,然后得到的一阶自相关系数 $\rho(1)$ 较小;MMK 法是去掉了序列变化趋势后,先对新序列的秩序数求自相关系数,然后用通过显著性检验的所有自相关系数修正检验统计量,最终得到的统计量 Z_{MMK} 与 MK 法的 Z_{MK} 值最接近。由表 3-3 蒸发量、实测径流量的计算结果可见,4 种方法得到的统计量由小到大分别为 $|Z_{\text{PW-MK}}| < |Z_{\text{TFPW-MK}}| < |Z_{\text{MMK}}| < |Z_{\text{MK}}|$。

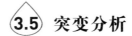 **3.5 突变分析**

3.5.1 Mann-Kendall 法突变分析

应用 Mann-Kendall 法,在给定显著性水平 $p=0.05$ 下检验 1956～2016 年大沽河南村水文站径流量变化趋势及突变情况,结果如图 3-6 所示。

由图 3-6(a)可见,实测径流量 1967 年 UF 值变为负值,1967 年以后实测径流量呈减少趋势,1980 年达到显著性水平,表明 1980 年以后大沽河南村水文站实测径流量呈显著减少趋势。UF 和 UB 在 1968 年左右相交,交点位于 $p=0.05$ 临界线之间,表明从 1968 年开始,大沽河南村水文站实测径流量发生突变,突然减少。

由图 3-6(b)可见,天然径流量 1965 年 UF 值变为负值,1965 年以后天然径流量呈减少趋势,1982 年以后达到显著性水平,表明 1982 年以后大沽河南村水文站天然径流量呈显著减少趋势。UF 和 UB 在 1977 年相交,交点位于 $p=0.05$ 临界线之间,表明大沽河南村水文站天然径流量在 1977 年发生突然减少的突变。

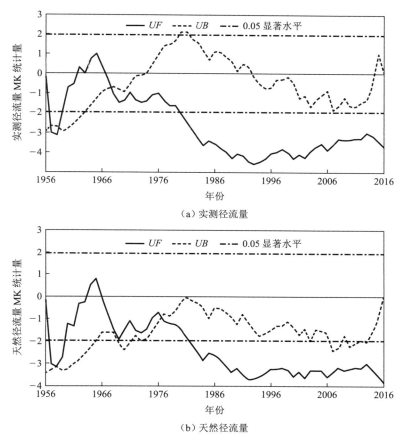

（a）实测径流量

（b）天然径流量

图 3-6　大沽河南村水文站实测径流量、天然径流量 MK 分析图

3.5.2　累积距平法突变分析

采用累积距平法绘制 1956～2016 年大沽河南村水文站逐年径流量累积距平曲线，如图 3-7 所示。由图 3-7 可见，1956～2016 年大沽河南村水文站径流量累积距平大致表现为四个变化阶段：1956～1958 年径流量累积距平呈下降趋势，1958～1965 年出现明显的上升趋势，1965～1976 年出现小幅波动，1976～2016年呈现逐渐减少趋势。综合分析累积距平曲线发现，大沽河南村水文站实测径流量、天然径流量的突变点为 1976 年，径流量发生了由多到少的突变。

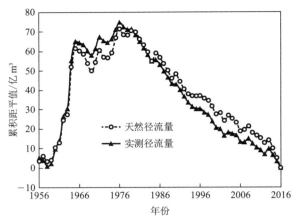

图 3-7　大沽河南村水文站径流量累积距平曲线

3.5.3　滑动 T 法突变分析

采用滑动 T 法对大沽河南村水文站径流量进行突变分析,如图 3-8 所示。进行滑动 T 检验时,分别取步长 $n = 2, \cdots, 20$。结果显示,$n > 7$ 时,实测径流量滑动 T 统计量通过 $p = 0.01$ 显著性检验,有一个突变点,突变年份为 1976 年;$n > 16$ 时,天然径流量滑动 T 统计量通过 $p = 0.01$ 显著性检验,有一个突变点,突变年份为 1976 年。

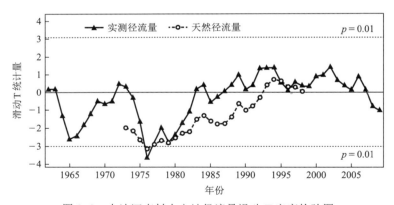

图 3-8　大沽河南村水文站径流量滑动 T 突变检验图

3.5.4　突变年份与变幅

综上可见,Mann-Kendall 法、累积距平法、滑动 T 法三种方法结论基本一致,大沽河南村水文站实测径流量、天然径流量突变年份为 1976 年左右,发生了由多到少的突变。大沽河南村水文站实测径流量、天然径流量 61 a 均值、突变年份前/后 10 a 均值、突变年份前后 10 a 均值的变幅计算结果见表 3-4。

表 3-4　大沽河南村水文站径流量突变年份前/后 10 a 均值、变幅统计结果

项　　目	61 a 均值	突变年份	突变年份前 10 a 均值	突变年份后 10 a 均值	突变年份前/后 10 a 均值变幅	变化率
实测径流量/亿 m³	3.36	1976	4.41	1.19	3.22	73%
天然径流量/亿 m³	4.21	1976	6.34	3.78	2.56	40%

由表 3-4 可见，天然径流量变幅较小，突变年份前后 10 a 均值减少了 2.56 亿 m³，变化率约为突变年份前 10 年均值的 40%；实测径流量变幅较大，突变年份前后 10 a 均值减少了 3.22 亿 m³，变化率约为突变年份前 10 年均值的 73%。

3.6　变化周期分析

3.6.1　周期及震荡情况分析

本研究采用 Morlet 复小波对大沽河南村水文站 1956～2016 年天然径流量序列进行了周期性分析。

图 3-9 为天然径流量小波系数实部等值线图，颜色由浅到深代表小波系数信号由强到弱，图中正值表示天然径流量较多的丰水阶段，负值表示天然径流量较少的枯水阶段。图 3-9 显示了大沽河天然径流量的时间尺度变化、突变点分布及其位相结构。1956～2016 年间，天然径流量在年际和年代际上都存在明显周期变化，包括 5～9 a 和 10～15 a 的小尺度信号以及 16～30 a 的大尺度信号。其中，在 5～9 a 时间尺度有周期表现，但不明显，其尺度中心在 8 a 左右；10～15 a 时间尺度上正负相位明显且较稳定，其尺度中心在 12 a 左右；16～30 a 时间尺度内小波曲线闭合完整，正负位相交替出现，说明其周期表现非常明显，其尺度中心在 21 a 左右。从图 3-9 还可以看出，以上三个尺度的周期变化在整个分析时段前期（1976 年以前）的表现比较稳定；由于 1976 年以后天然径流量年际间变幅较小（见图 3-4d），震荡周期表现不够稳定。1976 年之前小波系数实部等值线密集，1976 年之后变稀，说明进入 20 世纪 80 年代以来，大沽河入海径流量变

幅趋缓,处于低流量期,与前述突变检验的结论一致。

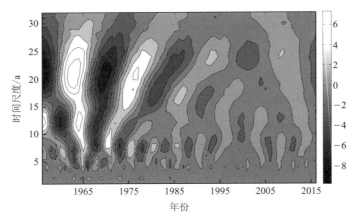

图 3-9　大沽河南村水文站天然径流量小波系数实部等值线图

　　图 3-10 为大沽河南村水文站天然径流量小波方差图,用来确定天然径流量演化过程中存在的主周期。从图 3-9 可见,天然径流量存在不同时间尺度的变化周期,小波系数实部等值线在 8 a、12 a、21 a 这三个时间尺度上比较密集,即大沽河南村水文站天然径流量的整体变化过程存在着三个显著的周期变化特征。从图 3-10 可以进一步看出,天然径流量小波方差共有三个峰值,第一峰值为 21 a,该时间尺度波动能量最强,正负变化明显,这一周期对近 61 a 大沽河南村水文站天然径流量周期变化起主要作用,是丰枯变化的主周期;其次还存在 12 a 和 8 a 两个峰值,分别对应着第二、第三主周期。上述三个周期共同对大沽河南村水文站天然径流量变化起作用,三个周期的波动控制着天然径流量在整个时间域内的变化特征。

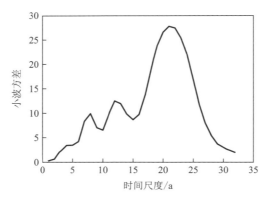

图 3-10　大沽河南村水文站天然径流量小波方差图

Morlet 小波系数的模值是不同时间尺度变化周期所对应的能量密度在时间域中分布的反映，系数模值愈大，表明其所对应时段或尺度的周期性愈强[126]，大沽河南村水文站天然径流量小波系数模值分布情况如图 3-11。由图 3-11 可见，在大沽河南村水文站天然径流量演化过程中，17～26 a 时间尺度模值最大，说明该时间尺度周期变化最明显，11～14 a 时间尺度的周期变化次之，其他时间尺度的周期性变化较小。

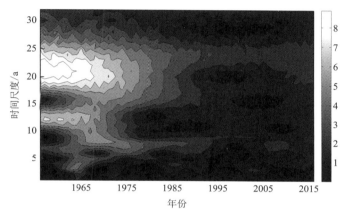

图 3-11　大沽河南村水文站天然径流量小波系数模值分布图

小波变换系数的模平方相当于小波能量谱，可从中分析出不同周期的振荡能量。模平方越大，其对应时段和尺度的周期性越显著[126]。大沽河南村水文站天然径流量小波系数模平方值分布情况如图 3-12 所示。由图 3-12 可以看出，

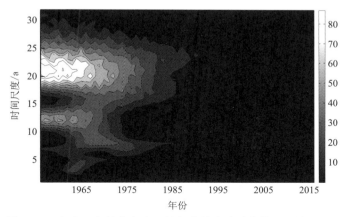

图 3-12　大沽河南村水文站天然径流量小波系数模平方值分布图

大沽河南村水文站天然径流量不同时段、时间尺度的周期强弱分布,其中17~25 a时间尺度的能量最强、周期最显著,但它的周期变化具有局部性(1976年以前),震荡中心在1956年左右;7~10 a时间尺度能量虽然较弱,但周期分布比较广,几乎占据整个研究时域(1956~2016年)。

3.6.2 主周期小波系数分析

图3-13为第一主周期21 a、第二主周期12 a、第三主周期8 a的大沽河南村水文站天然径流量序列的小波系数变化,其中小波系数正值表示径流量偏丰,负

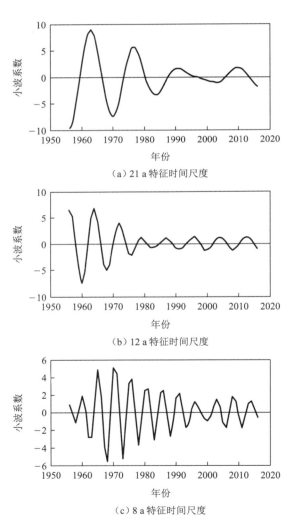

(a)21 a特征时间尺度

(b)12 a特征时间尺度

(c)8 a特征时间尺度

图3-13 大沽河南村水文站天然径流量小波分析主周期图

值表示径流量偏枯。在 21 a 左右的特征时间尺度下,年天然径流量经历了大约 4 次较为显著的丰枯交替变化,平均周期为 12 a 左右;从 1956 年开始,本周期强度一直持续减弱,而到 2002 年以后又出现增强的趋势。在 12 a 左右的特征时间尺度下,年径流量经历了大约 7 个周期的丰枯循环交替;从 1956 年到 1985 年本周期一直持续减弱,1980 年之后基本稳定,强度仅有 1956~1970 年平均水平的 25%左右。在 8 a 左右的特征时间尺度下,年天然径流量经历了大约 11 个周期的丰枯循环交替;从 1956 年到 1970 年本周期逐渐增强,1970 年到 2000 年一直持续减弱,2000 年之后又进入了一轮强周期,但强度仅有 1970 年水平的 50%左右。对于同一个时间序列,大周期与小周期的丰枯点并不完全一致,小周期是时间序列随机性与规律性的综合体现,不确定性和波动性较大;由大环境影响因素决定的大周期,总体变化趋势具有较为稳定持续的规律性和确定性。

3.6.3　小波功率谱分析及显著性检验

图 3-14(a)为大沽河南村水文站天然径流量小波功率谱,图 3-14(b)为小波全域能量谱。图 3-14(a)粗线和图 3-14(b)虚线圈定的区域为 0.05 显著性水平,

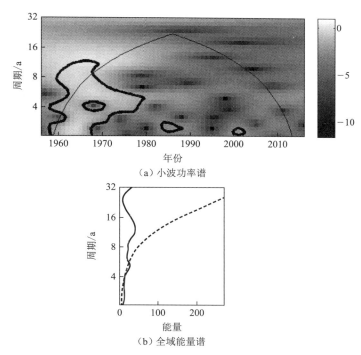

(a) 小波功率谱

(b) 全域能量谱

图 3-14　大沽河南村水文站天然径流量小波功率谱和全域能量谱图

图 3-14(a)钟形曲线部分表示影响锥范围。由图 3-14(a)可见,5～9 a 尺度上,大沽河南村水文站天然径流量在 1970 年之前表现出较高的功率谱值,但其位于钟形曲线附近,分析结果不可靠;10～15 a 和 16～30 a 尺度上,天然径流量在 1980 年之前均呈现出较高的谱值,而且正负位相交替出现,表现出丰枯交替的准 3 次和准 2 次震荡(图 3-13)。然而,10～30 a 尺度的小波功率谱未通过 0.05 的显著性检验。

③.7 气候变化与人类活动对径流量变化影响的贡献率

由突变检验分析(图 3-6 至图 3-8)可见,大沽河南村水文站径流量在 1976 年有一个突变点。因此,假定 1956～1976 年间是受人类活动影响相对较小的基准期,可建立这一时期的降水量-天然径流量双累积曲线关系,定量分析气候变化和人类活动对径流量的影响。图 3-15(a)为大沽河南村水文站 1956～1976 年降水量和天然径流量双累积相关关系,相关系数达 0.981 4,相关程度较高。将 1977～2016 年累积降水量数据代入双累积曲线关系式,计算该时段在假设人类

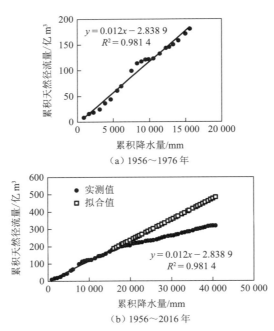

(a) 1956～1976 年

(b) 1956～2016 年

图 3-15 南村水文站 1956～2016 年不同时期降水量和天然径流量双累积曲线

活动条件与1956～1976年间相近条件下的累积径流量,记为$R_{拟合}$,$R_{拟合}$与$R_{天然}$对比如图3-15(b)所示。

人类活动对地表径流的影响,可划分为水资源开发利用活动的直接影响和下垫面渐变累积的间接影响。以1956～1976年为基础期,对比1980～1989、1990～1999、2000～2009、2010～2016年不同时期模拟径流量与1956～1976年天然径流量、不同时期模拟径流量与同期天然径流量的变化,统计降水和下垫面条件变化对天然径流量的影响,结果见表3-5。1976年后,人类活动对径流量的直接影响可表示为实测径流量$R_{实测}$与同期天然径流量$R_{天然}$的差值,即对应表3-5中的"耗水量"一列;人类活动对径流量的间接影响可表示为天然径流量$R_{天然}$与同期$R_{拟合}$的差值,即下垫面的影响,对应表3-5中的"下垫面影响"一列;人类活动对径流量的综合影响为$R_{实测}$与$R_{拟合}$的差值,即表3-5中"耗水量"与"下垫面影响"量之和。

表3-5 与1956～1976年相比不同时期气候变化和人类活动对大沽河径流量的影响

时期/年份	年均径流量/亿 m³			耗水量/亿 m³	影响/亿 m³		贡献率	
	$R_{实测}$	$R_{天然}$	$R_{拟合}$		气候变化影响	下垫面影响	气候变化	下垫面
1956～1976	6.93	8.61		1.69				
1980～1989	0.55	2.78	6.74	2.23	1.87	3.96	32%	68%
1990～1999	1.44	3.78	8.43	2.34	0.19	4.65	4%	96%
2000～2009	2.21	3.85	7.87	1.64	0.74	4.02	16%	84%
2010～2016	1.58	2.68	7.39	1.10	1.23	4.71	21%	79%

气候变化对径流量的影响,可表示为1956～1976年的天然径流量(年均8.61亿 m³)与1980年以后拟合径流量的差值,对应表3-5中的"气候变化影响"一列。由表3-5可见,1980～1989年气候变化对大沽河南村水文站天然径流量变化的影响较大,年均变幅1.87亿 m³,1990～2009年气候变化对大沽河径流量变化的影响较小,年均变幅小于1亿 m³。而下垫面对大沽河径流量变化的影响比较稳定,年均4亿 m³左右,远远大于气候因素的影响。1980～1989年、2010～2016年气候变化对大沽河南村水文站天然径流量变化的影响贡献率较大,分别为32%、21%,而1990～1999年气候变化影响最小,仅为4%。

由表3-5还可以看到,与气候变化相比,人类活动引起的下垫面改变是造成大沽河南村水文站径流量变化的主要因素,影响贡献率为 68%～96%。人类活动的直接影响和间接影响都促使大沽河南村水文站径流量减小,人类活动的直接影响在 20 世纪 90 年代之前逐渐增大,2000～2016 年趋于减小;人类活动的间接影响在 1980～2016 年呈现较小—增大—减小—增大的趋势;人类活动的综合影响在 1990～1999 年最大,2000 年以后比较稳定。

⬙3.8 径流量变化影响因素识别

综合上述结果可知,大沽河南村水文站径流量序列呈显著下降趋势,其主要原因是气候变化和人类活动的影响。

(1)按大沽河干流南村水文站 1956～2016 年天然径流量系列资料分析,1956～2016 年年均径流量为 4.21 亿 m^3,其中 1956～1980 年年均径流量为 5.74 亿 m^3,2007～2016 年近十年年均径流量为 3.35 亿 m^3,2012～2016 年近五年年均径流量为 2.2 亿 m^3。2007～2016 年近十年、2012～2016 年近五年年均径流量分别约为 1956～1980 年的 58.4%、38.3%。大沽河近期来水量偏少,是造成大沽河径流量减少的主要原因。

(2)随着大沽河流域城镇化进程的不断推进,流域下垫面条件发生了明显变化,不透水面积增加,城市雨洪径流量增长迅猛;河道治理过程中对河道裁弯取直,断面规则化,增加了河道断面输水能力,洪量更为集中。而大沽河流域降雨主要集中在汛期,受下垫面情况的影响,洪水集中下泄,河道调蓄能力减弱。下垫面条件的改变是造成大沽河河道拦蓄量减少的重要原因。

(3)大沽河干流建设各种类型的拦河坝工程,进行人工调节,兴建闸坝对汛末洪水进行拦蓄,增加了河道拦蓄量,提高了大沽河丰枯调剂能力。但随着经济社会的发展,生活、生产用水挤占生态用水现象严重,大沽河径流量不断减少。

⬙3.9 本章小结

本章以大沽河南村水文站为典型断面,剖析了大沽河长系列水文特征及演化规律。在天然径流量还原计算、数据特征与断流天数统计分析的基础上,应用线性倾向估计法、MK 法与改进 MK 法分析了降水量、蒸发量、实测径流量、天然径流量年际变化趋势；应用 Mann-Kendall 法、累积距平法、滑动 T 法对实测径流量、天然径流量进行突变检验；采用 Morlet 复小波变换，分析天然径流量时间序列的变化周期；通过建立降水-径流双累积曲线模型，分析不同时期气候变化和人类活动对径流量影响的贡献率。结果表明，1956～2016 年大沽河南村水文站蒸发量、实测径流量、天然径流量呈显著减少趋势，径流量在 1976 年发生由多到少的突变，天然径流量变化的第一主周期为 21 年；与气候变化相比，人类活动是造成大沽河南村水文站天然径流量减少的主要原因，人类活动引起的下垫面变化对天然径流量变化的贡献率为 68%～96%。

第 **4** 章 >>>

生态需水量分析

4.1 主要控制断面

4.1.1 确定主要控制断面的原则

按照《水利部关于做好河湖生态流量确定和保障工作的指导意见》（水资管〔2020〕67 号）要求，根据河湖生态保护对象，选择跨行政区断面、把口断面、重要生态敏感区控制断面、主要控制性工程断面等作为河湖生态流量控制断面。控制断面的确定，应与相关水利规划、生态环境规划、水量分配方案确定的断面相衔接，宜选择有水文监测资料的断面。

按照水利部办公厅印发的《2019 年重点河湖生态流量（水量）研究及保障工作方案》的要求，主要控制断面包括考核断面和管理断面两类。考核断面以水量分配方案中已明确生态流量要求的控制断面及市界断面、把口断面、重要敏感区、重要水文站、控制性工程断面为主，并作为年度生态流量（水量）保障工作考核的重点；管理断面是指对考核断面生态流量保障具有重要、直接关系的控制断面，不纳入年度生态流量保障考核范围。

4.1.2 主要控制断面选取

根据《山东省重点河湖生态流量名录与保障机制研究》中主要控制断面确定的原则，按照"1+n"的思路，在大沽河结合水文站点、拦河闸坝等设置 2 个主要控制断面，包括 1 个考核断面（南村水文站断面）和 1 个管理断面（隋家村水文站断面，属于市界断面）。

另外，设置参与管理的重要水工程管理断面 6 个，包括产芝水库、国道 309

拦河闸、早朝拦河闸、许村拦河闸、袁家庄拦河闸、移风拦河闸等工程所在断面。

1）考核断面选取

考核断面与大沽河实际径流水情分布充分衔接，并结合实际水文站点监测情况予以调整。南村水文站断面为重要的水文站断面，距离大沽河回水段较近，是重要的控制性工程断面，也是重要的把口断面。因此，选取南村水文站作为考核断面。

2）管理断面选取

隋家村水文站断面位于青岛－烟台市界，为产芝水库上游新增重要水文点断面，对大沽河生态水量保障有直接影响。因此，选取隋家村水文站断面（市界断面）作为管理断面。

4.1.3　主要控制断面基本情况

主要控制断面均设置在大沽河干流，包括考核断面（南村水文站）、管理断面（隋家村水文站），详见表4-1。

表4-1　大沽河主要控制断面基本情况一览表

| 序号 | 控制断面名称 | 断面位置 | | | | 集水面积 /km² | 断面性质 |
		所在市级行政区	地理位置	东经	北纬		
1	南村水文站	青岛	青岛平度市南村镇南村	118.55°	34.80°	3 724	水文站
2	隋家村水文站	烟台	烟台招远市夏甸镇隋家村	120.42°	37.11°	536	水位站

1）考核断面

南村水文站断面作为大沽河生态水量考核断面，是控制大沽河生态水量的把口断面。

南村水文站断面（E118.55°，N34.80°），即南村水文站监测断面，位于青岛平度市南村镇南村。南村水文站于1951年建成，控制流域面积3 724 km²，具有1956～2016年连续61年的实测雨量资料和实测流量资料。

主要监测项目为水位、流量、泥沙、降水、蒸发、冰情、水质、墒情和水文调查等。流量测验方法为ADCP和建筑物法。

主要任务为监测大沽河水文要素,收集基本水文信息,向国家防总、省防指、市防指等部门报汛,承担区域内水文调查及属站管理任务。功能作用:为国家长期积累基础信息,为大沽河流域防洪调度提供水文情报预报,为青岛提供区域水资源监测信息和考核评价依据等。

2)管理断面

管理断面是指对考核断面生态水量保障具有重要、直接关系的控制断面。

隋家村水文站断面(E120.42°,N37.11°),即隋家村水文站监测断面,位于烟台招远市夏甸镇隋家村。水文站设站时间为 2020 年,集水面积 536 km^2。

主要监测项目为水位、流量、降水、冰情和墒情等。流量测验方法为流速仪法和超声波法。

主要任务是监测大沽河干流招远段水文要素,收集基本水文资料,开展隋家村水文站测验断面报汛、综合性水文实验等。功能作用:为国家积累大沽河上游长期水文资料,为省防汛抗旱总指挥部报汛,为烟台水文中心提供水资源监测信息和考核评价依据等。可通过水信息系统、水情综合业务系统等信息平台进行数据共享和监测资料的报送。

4.2 已有成果中生态水量指标要求

大沽河生态流量(水量)已有成果包括《淮河流域及山东半岛水资源综合规划》(2016 年 7 月)、《山东省重要河道生态水量研究》(2017 年 12 月)。

4.2.1 淮河流域及山东半岛水资源综合规划

根据 1956～2000 年径流还原资料,淮河区各节点生态基流取值占天然月径流量比例为 3%～10%,沂沭泗水系和山东半岛生态基流比例较低。生态基流是维持河道自身生态功能的基本要求,在水资源配置中应保障生态基流不被破坏。其中沂沭泗水系和山东半岛最小生态总需水量都占天然径流量的 10%,分别为 14.3 亿 m^3 和 8.2 亿 m^3。

4.2.2 水量分配方案

根据山东省水利厅 2010 年发布的《山东省主要跨设区的市河流及边界水库

水量分配方案》,对大沽河等 6 条主要河流在各相关设区的市之间明确了水量分配方案,烟台市 0.5 亿 m³,青岛市 3.12 亿 m³。

4.2.3 生态水量(流量)研究

《山东省重要河道生态水量研究》确定了大沽河南村、河口界 2 个断面的生态流量及分水期基本生态水量。

(1)南村断面 10 月～次年 5 月生态流量为 0.094 m³/s,6～9 月生态流量为 2.034 m³/s;10 月～次年 5 月基本生态水量为 24.5 万 m³,6～9 月基本生态水量为 527.2 万 m³。

(2)河口断面 10 月～次年 5 月生态流量为 0.157 m³/s,6～9 月生态流量为 3.383 m³/s;10 月～次年 5 月基本生态水量为 40.7 万 m³,6～9 月基本生态水量为 877.0 万 m³。

(4.3) 河道外经济社会需水量分析

河道外经济社会需水量,是指从河流干流(含参与调度的水库)内取水的河道外取用水户在各水平年的需水量。从尊重取用水现状和考虑与相关规划衔接两个角度出发,对应拟定两个需水预测方案。

4.3.1 需水预测方案

按照供用水需求,河道外取用水户分为城镇自来水取用水户、农业灌溉取用水户两类,两类取用水户的用水需求见表 4-2。

表 4-2　用水需求分析表

类目		方案一	方案二
方案原则		尊重取用水现状	与相关规划衔接
方案设置思路		以已批复的取水许可和两岸傍河农业用水情况为依据	以《青岛市水资源综合规划》成果和两岸傍河农业用水情况为依据
研究对象及需水预测方法	城镇自来水取用水户	以典型河流干流和典型水库、湖泊上已批复的城镇自来水许可取水量为依据进行核算	以《青岛市水资源综合规划》中对典型河流(水库、湖泊)的供水任务定位和设计供水能力为依据进行核算

类目			方案一	方案二
研究对象及需水预测方法	农业灌溉取用水户	取得取水许可证的农业灌溉取用水户	以典型河流干流和典型水库、湖泊上已批复的农业灌溉许可取水量为依据进行核算	—
		干流两岸傍河农业灌溉取用水户	按照沿河两岸农田灌溉面积分布情况,采用定额法进行核算	

4.3.2 经济社会需水量预测

这里根据需水量预测方案设置思路、研究对象和需水预测方法,预测大沽河各水平年不同频率下河道外经济社会需水量,详见表4-3。

表4-3 大沽河河道外经济社会需水量预测情况

单位:万 m³

方案	水平年	区段	农田灌溉			城市供水	总需水量		
			50%	75%	95%		50%	75%	95%
方案一	基准年（2020年）	产芝水库	3 000	3 000	3 000	2 600	5 600	5 600	5 600
		干流河道	2 412	3 114	3 114	12 459	14 871	15 573	15 573
		合计	5 412	6 114	6 114	15 059	20 471	21 173	21 173
	2025年	产芝水库	3 000	3 000	3 000	2 600	5 600	5 600	5 600
		干流河道	2 278	2 940	2 940	12 459	14 737	15 399	15 399
		合计	5 278	5 940	5 940	15 059	20 337	20 999	20 999
	2035年	产芝水库	3 000	3 000	3 000	2 600	5 600	5 600	5 600
		干流河道	2 144	2 766	2 766	12 459	14 603	15 225	15 225
		合计	5 144	5 766	5 766	15 059	20 203	20 825	20 825
方案二	基准年（2020年）	产芝水库	0	0	0	5 183	5 183	5 183	5 183
		干流河道	2 339	3 041	3 041	3 650	5 989	6 691	6 691
		合计	2 339	3 041	3 041	8 833	11 172	11 874	11 874
	2025年	产芝水库	0	0	0	5 183	5 183	5 183	5 183
		干流河道	2 205	2 867	2 867	3 650	5 855	6 517	6 517
		合计	2 205	2 867	2 867	8 833	11 038	11 700	11 700
	2035年	产芝水库	0	0	0	5 183	5 183	5 183	5 183
		干流河道	2 071	2 693	2 693	3 650	5 721	6 343	6 343
		合计	2 071	2 693	2 693	8 833	10 904	11 526	11 526

方案一:基准年(2020年),50%频率下大沽河干流河道外需水量为20 471万 m³,75%频率下为21 173万 m³,95%频率下为21 173万 m³。

2025年,50%频率下大沽河干流河道外需水量为20 337万 m³,75%频率下为20 999万 m³,95%频率下为20 999万 m³。

2035年,50%频率下大沽河干流河道外需水量为20 203万 m³,75%频率下为20 825万 m³,95%频率下为20 825万 m³。

方案二:基准年(2020年),50%频率下大沽河干流河道外需水量为11 172万 m³,75%频率下为11 874万 m³,95%频率下为11 874万 m³。

2025年,50%频率下大沽河干流河道外需水量为11 038万 m³,75%频率下为11 700万 m³,95%频率下为11 700万 m³。

2035年,50%频率下大沽河干流河道外需水量为10 904万 m³,75%频率下为11 526万 m³,95%频率下为11 526万 m³。

4.4 河道内生态需水量研究

根据《水利部关于做好河湖生态流量确定和保障工作的指导意见》(水资管〔2020〕67号)要求,确定生态流量应以保障河湖生态保护对象用水需求为出发点;生态保护对象主要包括河湖基本形态、基本栖息地、基本自净能力等基本生态保护对象,以及保护要求明确的重要生态敏感区、水生生物多样性、输沙、河口压咸等特殊生态保护对象。

从大沽河流域现状来看,未发现明确的指示物种及重要生态敏感区,大沽河生态水量保障的总体目标是维持河流基本形态。

4.4.1 保证率确定

2019年4月水利部水利水电规划设计总院"2019年重点河湖生态流量(水量)研究与保障工作有关技术要求说明"对生态流量(水量)设计保证率进行了明确,即:原则上,生态基流设计保证率不低于90%～95%,基本生态流量(水量)全年值的设计保证率不低于75%～90%。对水资源丰沛、工程调控能力强的主要控制断面,设计保证率可从高要求;对于水资源紧缺、调控能力较弱的主要控制断面,设计保证率可适当从低要求。从该说明中可以看出,生态水量按年进行评价,且设计保证率不得低于 75%。根据《山东省重点河湖生态流量名录与保障机制研究》成果,建议现阶段山东省境内重点河流生态水量设计保证率取 75%。

本研究取大沽河生态水量保障设计保证率为 75%,即来水优于 75% 频率年份,累计通过断面的水量能够超过确定的生态水量指标。

4.4.2 不同频率天然径流量

依据《水利水电工程水文计算规范》(SL/T 278—2020)的有关规定,选用皮尔逊 III 型曲线,运用水文频率分析软件,对南村水文站天然径流量进行适线,可获得相应的径流量统计参数和不同频率的年径流量值。以均值为基础,利用年径流量序列的适线结果(C_V, C_S 值),可求出丰水期(7~9月份)、枯水期(1~6月份和 10~12月份)及各月不同频率下的径流量值,详见表 4-4。

表 4-4 南村水文站不同频率天然径流量成果表

单位:万 m³

时段	径流量均值	不同频率下的径流量				
		5%	25%	50%	75%	90%
全年	42 114	121 573	58 597	30 539	13 294	4 909
丰水期	34 993	108 469	48 708	23 411	8 991	2 772
枯水期	7 121	19 499	9 468	5 190	2 724	1 641
1 月	329	1 124	461	195	56	5
2 月	341	1 012	493	251	93	8
3 月	470	1 510	625	286	121	67
4 月	649	2 319	853	334	113	55
5 月	936	2 998	1 315	608	210	41
6 月	1 716	5 962	2 372	976	279	39
7 月	12 072	47 066	15 208	5 071	1 498	826
8 月	16 559	56 858	22 785	9 534	2 921	636
9 月	6 362	24 986	8 254	2 708	605	154
10 月	1 371	5 062	1 672	624	273	213
11 月	881	3 993	895	210	89	82
12 月	498	1 800	653	251	82	39

大沽河流域天然径流量年内分配不均,具有明显的丰水期和枯水期。从多年平均天然径流量年内分配情况来看,径流量主要集中于7～9月份。经计算,南村水文站7～9月份的径流量占全年总径流量的83.1%,为年内丰水期;1～6月份和10～12月份径流量占全年总径流量的16.9%,为年内枯水期。

4.4.3　季节性河流分析

《土地大辞典》将季节性河流定义为"一年中有些季节有水,有些季节断水的河流"。《中国江河地貌系统对人类活动的响应》将季节性河流定义为"一年中某一季节或一个较长时间中干涸无水的河流",并将人为季节性河流定义为"受人类活动强烈影响而演变为季节性河流的常流河"[127]。许炯心阐释了常流河、季节性河流、天然季节性河流和人为季节性河流,具有较好的借鉴意义[128]。其中,常流河,指河道中具有永久性水流即常年维持一定流量的河流;季节性河流,指一年中某一季节或一个较长的时间中干涸无水的河流;天然季节性河流,指天然条件下,径流量年内分配不均,差异较大,随季节的改变而出现显著季节性变化规律的河流;人为季节性河流,指在天然情况下应属于常流河,只是在人类活动的强烈影响下,正在或已经演变成为季节性河流。

根据《山东省重点河湖生态流量名录与保障机制研究》,对于具体河流,可利用其中下游控制性断面近30年实测数据或天然径流还原数据开展分析,满足以下条件之一者,即可认为是山东省典型的季节性河流:

(1)出现断流现象的年数达到系列总年数的20%以上。

(2)出现连续6个月以上断流的现象。

(3)多年平均断流天数达到30天以上。

(4)多年平均最大1月径流量占全年总径流量的50%以上或最大2月径流量占全年总径流量的80%以上。

根据3.3.3节知,按南村水文站实测径流量资料分析,1956～2016年年均断流天数为208天,出现断流现象的年份占总年数的75.4%,满足上述要求。可见,大沽河为山东省典型北方季节性河流,具有明显的丰水期(7～9月份)和枯水期(1～6月份、10～12月份)。

4.4.4 生态水量计算方法及成果

1）生态水量常规计算方法

根据《河湖生态环境需水量计算规范》（SL/Z 712—2014），河道生态水量计算方法有 Q_P 法、流量历时曲线法、$7Q_{10}$ 法、近 10 年最枯月平均流量法、Tennant 法、频率曲线法、河床形态分析法、湿周法、生物需求法、输沙需水计算法、潜水蒸发法、入海水量法、河口输沙需水计算法、河口盐度平衡需水计算法等 14 种。根据河道生态水量计算方法的不同又可归纳为三大类，即水文学法、水力学法、分项功能法，其中水文学法包括 Q_P 法、流量历时曲线法、$7Q_{10}$ 法、近 10 年最枯月平均流量法、Tennant 法、频率曲线法 6 种计算方法，水力学法包括河床形态分析法、湿周法 2 种计算方法，分项功能法包括生物需求法、输沙需水计算法、潜水蒸发法、入海水量法、河口输沙需水计算法、河口盐度平衡需水计算法 6 种计算方法。

2）生态水量目标计算

水利部水利水电规划设计总院"2019 年重点河湖生态流量（水量）研究与保障工作有关技术要求说明"，对生态流量（水量）确定方法进行了说明，即：原则上，对丰枯变化剧烈、工程调控能力较弱的主要控制断面，可以采用 Q_P 法（P 取 90% 或 95%），其他断面可以采用 Tennant 法（比例取 10%～20%）；敏感生态流量（水量）应根据生态保护对象敏感期需水机理及其过程要求，选择栖息地模拟法、整体分析法等方法进行专项研究确定；不同时段生态流量（水量）值，可用 Q_P 法或 Tennant 法等方法计算，全年生态流量（水量）值应根据不同时段值加和或加权得到。

事实上，对于河道内生态需水量的计算，山东省往往采取基于实际条件而适当简化的方法来开展。例如，在山东省人民政府 2007 年批准实施的《山东省水资源综合规划》中，以河道基流量作为河道内生态环境需水的计算依据，认为："河道基流量是指维持河床基本形态，保障河道输水能力，防止河道断流、保持水体一定的自净能力的最小流量，是维系河流的最基本环境功能不受破坏，必须在河道中常年流动着的最小水量阈值。以多年平均径流量的百分数（北方地区一般取 10%～20%，南方地区一般取 20%～30%）对河流最小生态环境需水量进行估算。""考虑到山东省大部分地区处于半湿润半干旱气候带内，径流量的年际年内变化较大，河道自然条件下常见断流现象；全省总体上属于资源性缺水地区,且水资源的控制调节难度较大;河流枯水期含沙量很低,也基本无特别保护水生生物等因素。因此,山东省河道内最小生态环境需水按北方地区下限控制,即按多年平均天然径流量的 10%分析估算。"

按照水利部水利水电规划设计总院"2019 年重点河湖生态流量(水量)研究与保障工作有关技术要求说明"和《水利部关于做好河湖生态流量确定和保障工作的指导意见》(水资管〔2020〕67 号)的要求,原则上以 1956～2016 年天然径流系列确定生态流量(水量)目标。本次参照《山东省重点河湖生态流量名录与保障机制研究》的内容,根据分析,对 1980～2016 年系列采用 Tennant 法和 Q_P 法进行保障目标计算。

(1)考核断面生态水量目标确定

① Tennant 法。采用南村水文站 1980～2016 年逐月天然径流量,求得逐月平均天然径流量。大沽河流域属于水资源短缺地区的河流,基本生态环境需水量取值范围可在《河湖生态环境需水计算规范》表 4.1-1"好"的分级之下,根据南村水文站径流特征和生态环境状况,参考山东省水利厅《大沽河生态流量保障目标及管控措施制定》提出的占比方案,本次生态环境流量占时段多年平均天然径流量百分比拟定了三个不同方案(10%、5%、3%)。Tennant 法计算南村水文站各月基本生态环境需水量成果见表 4-5。

表 4-5　Tennant 法计算南村水文站天然状况下各月基本生态环境需水量成果

单位:万 m³

方案	1 月	2 月	3 月	4 月	5 月	6 月	7 月	8 月	9 月	10 月	11 月	12 月	全年
10%	21	24	32	60	102	162	800	1 380	448	81	32	28	3 170
5%	10	12	16	30	51	81	400	690	224	40	16	14	1 584
3%	6	7	9	18	31	49	240	414	134	24	10	8	950

② Q_P 法。根据大沽河南村水文站 1980～2016 年逐月天然径流量,每年选取最枯月径流量组成 1980～2016 年最枯月天然径流量系列。通过对大沽河南村水文站最枯月天然径流量系列进行统计分析和计算,大沽河南村水文站 90%频率下的最枯月天然径流量为 0 m³/s。大沽河南村水文站最枯月天然径流量与频率关系曲线如图 4-1 所示。

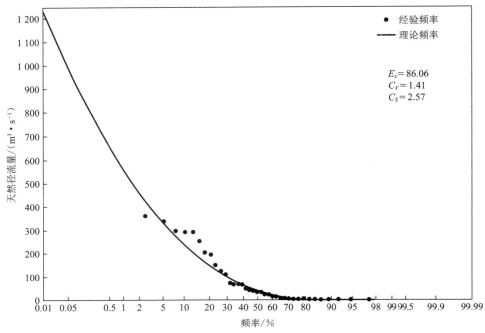

图 4-1 南村水文站最枯月天然径流量与频率关系曲线

（2）考核断面不同生态水量方案可达性分析

研究中分别采用 Tennant 法、Q_P 法计算了南村水文站断面的生态流量（水量）。采用 Q_P 法计算 90% 保证率下南村断面生态水量为 0 m³。采用 Tennant 法计算了天然流量不同时段（月、年）生态流量（水量）。根据南村水文站 1980～2016 年实测逐日平均水量资料，对 Tennant 法计算天然径流量不同时段方案进行分析，确定推荐方案，详见表 4-6。

一是按丰水期实测水量的年可达性计算。根据 1980～2016 年实测径流数据，统计不同生态水量方案下丰水期生态水量满足的年数。

二是按枯水期实测水量的年可达性计算。根据 1980～2016 年实测径流数据，统计不同生态水量方案下枯水期生态水量满足的年数。

三是按全年实测水量的年可达性计算。根据 1980～2016 年实测径流数据，统计不同生态水量方案下全年生态水量满足的年数。

（3）可行性结果分析

按丰水期年可达性计算，1980～2016 年 37 年中，不同方案的保证率为

$56.8\% \sim 62.2\%$。

按枯水期年可达性计算,1980～2016年37年中,不同方案的保证率为$32.4\% \sim 35.1\%$。

按全年生态水量可达性计算,1980～2016年37年中,不同方案的保证率为$56.8\% \sim 62.2\%$。

表 4-6 不同生态水量方案可达性情况

水量单位:万 m³

方案	丰水期生态水量								枯水期生态水量		全年生态水量	
	7 月份		8 月份		9 月份		7～9 月份					
	水量	可达性/%	水量	可达性/%	水量	可达性/%	合计	可达性/%	合计	可达性/%	合计	可达性/%
10%	800	43.2	1 380	51.4	448	40.5	2 628	56.8	543	32.4	3 171	56.8
5%	400	43.2	690	59.5	224	45.9	1 314	56.8	272	35.1	1 586	59.5
3%	240	45.9	414	59.5	134	45.9	788	62.2	163	35.1	951	62.2

4.4.5　生态水量目标确定

根据有关标准要求,经综合分析比较,原则上推荐南村水文站考核断面生态水量选用天然流量 Tennant 法按占比 3%的方案,即大沽河全年生态水量目标为 951 万 m³,其中丰水期 788 万 m³;隋家村水文站管理断面全年生态水量目标 138 万 m³,其中丰水期 114 万 m³。详见表 4-7。

表 4-7 主要控制断面基本生态水量目标表

单位:万 m³

控制断面名称	丰水期生态水量				枯水期生态水量	全年生态水量
	7 月	8 月	9 月	合计		
南村水文站	240	414	134	788	163	951
隋家村水文站	35	60	19	114	24	138

4.5 本章小结

本章确定了大沽河干流生态水量主要控制断面,依据现状和规划用水情况设置两种方案,分别计算了河道外经济社会需水量,提出了大沽河河道内生态水量目标及保证率。选用皮尔逊Ⅲ型曲线,计算了南村水文站天然径流量统计参数和不同频率的年径流量值,结果表明大沽河流域天然径流量年内分配不均,具有明显的丰水期(7~9月份)和枯水期(1~6月份和10~12月份)。采用 Tennant 法、Q_P 法分别计算了南村水文站断面的生态流量(水量),经多方案比选,并进行可行性分析,确定大沽河全年生态水量目标为 951 万 m^3,其中丰水期 788 万 m^3,枯水期 163 万 m^3。

第**5**章 ▶▶▶

水量分配方案研究

5.1 水量分配原则与方法

根据山东省水利厅印发的《山东省跨县(市、区)河流(水库)水量分配工作方案》,按照《山东省主要跨设区的市河流及边界水库水量分配方案》(鲁水办字〔2010〕3 号)确定的水量分配方案,结合青岛市实际,对青岛市境内大沽河、小沽河、南胶莱河、北胶莱河等河流水量进行分配。

5.1.1 水量分配原则

河流水量分配是一项比较复杂的工作,影响因素较多。本研究以流域水资源综合规划、区域水资源用水总量控制指标为依据,以保护和修复水生态、促进节约用水和水资源合理配置为目标,合理制定水量分配方案。水量分配的影响因素主要有流域水资源量、生态水量、可分配水量、预留和储备水量、现状用水、已有取水协议、区域用水需求以及其他供水水源等。在水量分配过程中,按照流域上下游公平享有水资源使用权,综合考虑水资源量、生态水量、可分配水量、未来用水需求、现状用水、已有分水方案或协议、其他供水水源等水量分配影响因素,制定跨市(区)河流的水量分配方案。

参照水利部有关技术规范要求,水量分配坚持"节水优先、保护生态,公平公正、科学合理,优化配置、持续利用,因地制宜、统筹兼顾,尊重现状、适当超前"等原则。

(1)流域上下游公平享有水资源使用权。水量分配应立足于整个流域,兼顾上下游、左右岸和相关区（市）之间的水资源开发利用情况，综合考虑相关区（市）的经济发展水平和水资源条件。

（2）客观真实地反映流域的水资源状况。根据水资源调查评价、水资源综合规划等相关成果，梳理分析流域代表系列的水资源量。

（3）属地优先利用权与资源优先占有权原则。考虑资源贡献率，区域内水资源产水量越多，分配水量越多。考虑供水可行性，区域内水利工程开发利用强度越高、可供水量越大，则用水水平越高，分配水量越多。

（4）保障河流生态水量。制定水量分配方案需遵循河流水文规律，充分考虑生态保护和生活生产用水合理需求，留足生态流量（水量）。

（5）总量控制。流域的可分配水量不得超过其水资源承载能力和最严格水资源管理制度确定的区域用水总量控制指标，并按照《山东省主要跨设区的市河流及边界水库水量分配方案》分配的总量指标进行分配。

（6）充分考虑未来用水需求。充分考虑流域、区域的重大发展战略需要，对水资源综合规划、流域综合规划、水中长期供求规划等重大水利规划确定的未来用水需求应做好预留，未来用水需求应符合节水优先原则。

（7）尊重现状，合理用水。应充分考虑现状用水及取水许可情况，尊重流域内各区（市）现状用水量，按照"节水优先，统筹兼顾，适度照顾，重点用户优先"的原则制定水量分配方案，鼓励节水，重点照顾用水效率高、用水水平先进的地区。

（8）符合已有分水方案或协议。已有经批准的相关分水方案的，应尽量遵循原有方案的分水比例。

5.1.2　水量分配方法

根据以上原则开展大沽河流域水资源分配。主要按以下程序进行：

1）水资源现状调查

首先，对大沽河流域经济社会及水资源开发利用现状、水利工程现状进行调查。然后，通过对流域内各区（市）调查情况进行统计分析，摸清大沽河流域水资源情况、工程现状及经济社会状况。

调查结果见表 5-1 至表 5-3。

表 5-1 大沽河水资源调查统计表

区(市)	流域面积/km²	年度	人口/万人	GDP总量/亿元	工业总产值/亿元	有效灌溉面积/万亩	地表水工程蓄水能力/万m³			地表水用水量/万m³		地下水开采量/万m³	其他用水量/万m³	调入水量/万m³	调出水量/万m³
							大中型水库	小型水库	闸坝	用水总量	其中河道取水量				
城阳区	87.6	2017	16.32	490	235	0.8612	0	0	140	0	0	50	0	3 138	0
		2018	17.63	491	240	0.8612	0	0	140	0	0	50	0	3 477	0
		2019	19	511	260	0.8612	0	0	140	0	0	50	0	3 565	0
		平均	17.65	497.33	245	0.8612	0	0	140	0	0	50	0	3 393.33	0
即墨区	964	2017	46.8	285	158	58.49	2 675	436.5	3 608.8	1 134	948	708	0	836	186
		2018	46.8	306	170	61.92	2 675	436.5	3 608.8	2 225	1 760	920	0	427	466
		2019	46.8	—	—	—	2 675	436.5	3 608.8	1 061	363	925	0	540	698
		平均	46.8	295.5	164	60.205	2 675	436.5	3 608.8	1 473.33	1 023.67	851	0	601	450
胶州市	241.9	2017	36.02	474.34	290.75	8.7	696	694	2 923	4 312.8	3 011	2 929	0	2 051	0
		2018	35.16	508.35	230.28	8.7	696	694	2 923	4 312.8	3 011	2 856	0	2 330	0
		2019	35.82	472.90	265.92	8.7	696	694	2 923	4 312.8	3 011	2 876	0	2 600	0
		平均	35.67	485.19	262.31	8.7	696	694	2 923	4 312.8	3 011	2 887	0	2 327	0

区(市)	流域面积/km²	年度	人口/万人	GDP总量/亿元	工业总产值/亿元	有效灌溉面积/万亩	地表水工程蓄水能力/万m³			地表水用水量/万m³		地下水开采量/万m³	其他用水量/万m³	调入水量/万m³	调出水量/万m³
							大中型水库	小型水库	闸坝	用水总量	其中河道取水量				
平度市	948.48	2017	23.8	182.2	147.7	40.62	10 690	989	871.2	580	580	2 375	88	1 525.8	0
		2018	23.5	187.8	158.6	40.65	10 690	989	871.2	729	729	3 657	96	607.1	0
		2019	23.1	195.5	138.7	40.67	10 690	989	871.2	884	884	3 073	105	113.5	361.3
		平均	23.47	188.5	148.33	40.65	10 690	989	871.2	731	731	3 035	96.33	748.8	361.3
莱西市	1 522	2017	74.5	—	—	80.65	24 635	599.2	2 097.4	900	628	4 360	0	1 026	0
		2018	74.44	—	—	80.82	24 635	599.2	2 097.4	4 805	1 856	3 064	0	0	0
		2019	74.35	526.35	126.78	81.04	24 635	599.2	2 097.4	4 528	2 370	2 669	0	0	0
		平均	74.43	526.35	126.78	80.84	24 635	599.2	2 097.4	3 411	1 618	3 364.33	0	1 026	0
合计			198.02	1 992.88	946.43	191.25	38 696	2 718.7	9 640.4	9 928.13	6 383.67	10 187.33	96.3	8 096.13	811.3

表 5-2 南胶莱河水资源调查表

区（市）	流域面积/km²	年度	人口/万人	GDP总量/亿元	工业总产值/亿元	有效灌溉面积/万亩	地表水工程蓄水能力/万m³			地表水用水量/万m³		地下水开采量/万m³	其他用水量/万m³	调入水量/万m³	调出水量/万m³
							大中型水库	小型水库	闸坝	用水总量	其中河道取水量				
西海岸新区	131.3	2017	8.23	13.6	6.12	3.08	0	737	376	249	75	188	0	0	0
		2018	5.22	14.5	6.26	5.49	0	737	380	325	107	139	0	0	0
		2019	5.23	15.3	7.35	4.82	0	737	380	344	89	147	0	0	0
		平均	6.23	14.47	6.58	4.46	0	737	378.67	306	90.33	158	0	0	0
胶州市	633	2017	43.46	554.64	270.12	48	0	1 387	2 704	4 091	2 604	5 127	0	0	0
		2018	45.17	588.85	272.39	48	0	1 387	2 704	4 091	2 704	5 227	0	0	0
		2019	45.33	454.37	226.99	48	0	1 387	2 704	4 091	2 904	5 227	0	0	0
		平均	44.65	532.62	256.50	48	0	1 387	2 704	4 091	2 737.33	5 193.67	0	0	0
平度市	304	2017	11.9	48.5	40	15.2	0	0	206.9	214	214	573	307	0	0
		2018	11.5	45.4	39	15.7	0	0	206.9	269	269	791	755	0	0
		2019	11.2	50	42	16	0	0	206.9	326	326	665	786	0	0
		平均	11.53	47.97	40.33	15.63	0	0	206.9	269.67	269.67	676.33	616	0	0
合计			62.41	595.05	303.41	68.10	0	2 124	3 290	4 666.67	3 097.33	6 028	616	0	0

表 5-3　大沽河流域（含南胶莱河）水资源调查表

区（市）	流域面积/km²	年度	人口/万人	GDP总量/亿元	工业总产值/亿元	有效灌溉面积/万亩	地表水工程蓄水能力/万m³			地表水用水量/万m³		地下水开采量/万m³	其他用水量/万m³	调入水量/万m³	调出水量/万m³
							大中型水库	小型水库	闸坝	用水总量	其中河道取水量				
西海岸新区	131.3	2017	8.23	13.6	6.12	3.08	0	737	376	249	75	188	0	0	0
		2018	5.22	14.5	6.26	5.49	0	737	380	325	107	139	0	0	0
		2019	5.23	15.3	7.35	4.82	0	737	380	344	89	147	0	0	0
		平均	6.23	14.47	6.58	4.46	0	737	378.67	306	90.33	158	0	0	0
城阳区	87.6	2017	16.32	490	235	0.861 2	0	0	140	0	0	50	0	3 138	0
		2018	17.63	491	240	0.861 2	0	0	140	0	0	50	0	3 477	0
		2019	19	511	260	0.861 2	0	0	140	0	0	50	0	3 565	0
		平均	17.65	497.33	245	0.861 2	0	0	140	0	0	50	0	3 393	0
即墨区	964	2017	46.8	285	158	58.49	2 675	436.5	3 608.8	1 134	948	708	0	836	186
		2018	46.8	306	170	61.92	2 675	436.5	3 608.8	2 225	1 760	920	0	427	466
		2019	46.8	—	—	—	2 675	436.5	3 608.8	1 061	363	925	0	540	698
		平均	46.8	295.5	164	60.205	2 675	436.5	3 608.8	1 473.33	1 024	851	0	601	450

区（市）	流域面积/km²	年度	人口/万人	GDP总量/亿元	工业总产值/亿元	有效灌溉面积/万亩	地表水工程蓄水能力/万m³			地表水用水量/万m³		地下水开采量/万m³	其他用水量/万m³	调入水量/万m³	调出水量/万m³
							大中型水库	小型水库	闸坝	用水总量	其中河道取水量				
胶州市	874.9	2017	79.4817	1 028.9827	560.8749	56.7	696	2 081	5 627	8 403.8	5 615	8 056	0	2 051	0
		2018	80.3308	1 097.1946	502.6624	56.7	696	2 081	5 627	8 403.8	5 715	8 083	0	2 330	0
		2019	81.1515	927.2661	492.9062	56.7	696	2 081	5 627	8 403.8	5 915	8 103	0	2 600	0
		平均	80.32	1 018	519	56.7	696	2 081	5 627	8 403.8	5 748	8 081	0	2 327	0
平度市	1 252.48	2017	35.7	230.7	187.7	55.82	10 690	989	1 078.1	794	794	2 948	395	1 525.8	0
		2018	35	233.2	197.6	56.35	10 690	989	1 078.1	998	998	4 448	851	607.1	0
		2019	34.3	245.5	180.7	56.67	10 690	989	1 078.1	1 210	1 210	3 738	891	113.5	361.3
		平均	35	236.47	188.67	56.28	10 690	989	1 078.1	1 001	1 001	3 711	712	749	361.3
莱西市	1 522	2017	74.5	—	—	80.65	24 635	599.2	2 097.4	900	628	4 360	0	1 026	0
		2018	74.44	—	—	80.82	24 635	599.2	2 097.4	4 805	1 856	3 064	0	0	0
		2019	74.35	526.35	126.78	81.04	24 635	599.2	2 097.4	4 528	2 370	2 669	0	0	0
		平均	74.43	526.35	126.78	80.84	24 635	599.2	2 097.4	3 411	1 618	3 364	0	1 026	0
合　计			260	2 588	1 250	259	38 696	4 843	12 930	14 595	9 481	16 215	712	8 096	811

2）水量分配影响因子筛选

由于水量分配影响因素较多，需对主要影响因子进行筛选。主要方法是邀请近年来对大沽河有深入研究、对大沽河水资源状况较为熟悉的国内专家（曾直接参与大沽河流域水资源规划或研究的专家）进行调查分析，得出影响大沽河水量分配的主要因子。

3）专家咨询

根据筛选的影响因子，邀请专家对各影响因子权重进行独立评分赋值，得出影响水量分配因子的权重。

从分析结果看，流域水资源产水量、水资源开发利用现状与可供水能力、区域经济社会发展需求等因子权重约占85%，节水因子约占10%，其他因子（考虑外调水源等）约占5%。

流域水资源产水量、水资源开发利用现状与可供水能力、区域经济社会发展需求等因子权重较大，充分体现了属地优先使用权、资源优先占有权和适度照顾经济社会发展等原则，作为本次水量分配的重要依据。

调查发现，大沽河流域内各区（市）节水水平相当，因此，节水因素可不考虑。

流域内除莱西市外，其他区（市）均有外调客水的便利条件，但水量分配中已充分考虑了莱西市属地优先使用因素。因此，在多年平均情况下不考虑外调水源等因素，外调水源因素可在枯水年份适时调度时予以考虑。

4）分析计算

根据现状调查资料，将各影响因子赋值并进行归一化处理，按各因子权重进行统计分析，南胶莱河、大沽河水量分配影响因子分别见表5-4、表5-5。

表5-4　南胶莱河水量分配影响因子表

区（市）	产水因子 （区域内产水量占比）	工程可供水因子 （区域内工程可供水量占比）	用水需求因子 （区域内需水量占比）	水量分配分摊系数
西海岸新区	0.209 8	0.180 9	0.090 9	0.165 5
胶州市	0.538 0	0.773 9	0.388 4	0.563 9
平度市	0.252 2	0.045 2	0.520 7	0.270 6
合　计	1.000 0	1.000 0	1.000 0	1.000 0

表 5-5　大沽河水量分配影响因子表

区（市）	产水因子 （区域内产水量占比）	工程可供水因子 （区域内工程可供水 量占比）	用水需求因子 （区域内需水量占比）	分配系数
城阳区	0	0	0	0.016 7
即墨区	0.197 8	0.169 7	0.138 0	0.168 2
胶州市	0.052 7	0.115 1	0.167 8	0.105 0
莱西市	0.431 8	0.494 3	0.381 5	0.428 1
平度市	0.317 7	0.220 9	0.312 7	0.282 0
合　计	1.000 0	1.000 0	1.000 0	1.000 0

5）计算结果调研复核

按照以上计算程序，分别得到流域内各区（市）分配水量、青岛市区（市水务集团）分配引水量、两座大型水库分配水量等成果。对上述成果进行调研、复核、调整，形成最终分配成果。

5.2　水量分配范围

5.2.1　涉及区（市）

大沽河水量分配主要涉及城阳区、西海岸新区、即墨区、胶州市、平度市、莱西市等 6 个区（市）。

5.2.2　水资源及开发利用情况

1）城阳区

城阳区位于青岛市主城区北部，多年平均水资源总量为 8 413 万 m³，多年平均降水量为 684.4 mm。城阳区河流均为季风区雨源型，且多为独流入海的山溪性小河，河流水系的发育和分布明显受地形、地貌的控制。区内主要河流有大沽河、墨水河、白沙河等 15 条河流。城阳区降水量受地形和气候条件的影响，在空间分布上不均匀。年降水总量的分布趋势是由东向西递减，东部山区降水量偏大，西部平原区降水量偏小。对于地下水资源，各水资源区差别较大。东南部白沙河区地下水资源较为丰富，而大沽河水资源区地下水资源相对匮乏。城阳区降水量、水资源量的年际变化幅度很大,存在着明显的丰、枯水年交替现象,连续丰水年和连续枯水年的出现也十分明显。

城阳区境内现有大型水库 1 座,为引黄济青棘洪滩水库,位于城阳区、即墨区交界处,为调蓄供水水库,无防洪功能;中型水库 2 座,为崂山水库及书院水库;小型水库 12 座,拦河坝 15 座,塘坝 87 座。总蓄水能力 2.43 亿 m³。全区共有规模以上机井 868 眼,年均开采地下水约 1 200 万 m³。

2020 年,城阳区用水量 8 608 万 m³,其中地表水 7 989 万 m³,地下水 619 万 m³;按照行业划分,农田灌溉用水量 24 万 m³,林牧渔畜用水量 169 万 m³,工业用水量 3 447 万 m³,城镇公共用水 1 179 万 m³,居民生活用水 3 509 万 m³,生态环境补水 280 万 m³。

2) 西海岸新区

西海岸新区位于青岛市西南部,其河流均为季节性河流。全区共有大小河流 46 条,流域面积 50 km² 及以上的河流共 15 条,其中流域面积 100 km² 以上的骨干河道有 10 条,分别是洋河、巨洋河、胶河、白马河、吉利河、错水河、潮河、横河、风河和甜水河,小型河道有 36 条。

西海岸新区 1956～2016 年多年平均地表水资源总量 33 231 万 m³,径流深 159.8 mm;地下水资源量 16 412 万 m³。20%、50%、75%、95% 不同频率水资源总量分别为 50 844 万 m³、26 917 万 m³、14 290 万 m³、4 652 万 m³。

西海岸新区现有地表水蓄水工程 1 584 座,总库容 38 658 万 m³。其中:中型水库 5 座(铁山水库、陡崖子水库、吉利河水库、小珠山水库、孙家屯水库),总库容为 21 169 万 m³,兴利库容 13 402 万 m³;小型水库 194 座,总库容为 13 705 万 m³,兴利库容 8 419 万 m³;塘坝共有 1 385 座,总库容为 3 207 万 m³;拦河闸(坝)10 座,总拦蓄能力为 577 万 m³。

2020 年,西海岸新区用水量 15 607 万 m³,其中地表水 11 929 万 m³,地下水 2 358 万 m³,淡化海水 1 320 万 m³;按照行业划分,农田灌溉用水量 780 万 m³,林牧渔畜用水量 743 万 m³,工业用水量 6 926 万 m³,城镇公共用水 961 万 m³,居民生活用水 5 205 万 m³,生态环境补水 992 万 m³。

3) 即墨区

即墨区位于青岛市中东部,多年平均水资源总量 28 068 万 m³,其中多年平均地表水资源量 20 777 万 m³,多年平均地下水资源量 15 921 万 m³,重复计算量 8 630 万 m³。区域多年平均水资源可利用总量 19 165 万 m³,其中:多年平均地表水可利用量 13 472 万 m³,多年平均地下水可利用量为 10 772 万 m³,重复计算量 5 079 万 m³。多年平均人均水资源占有量 223 m³,多年平均降水量为 678 mm。

即墨区范围内长度大于 1 km,宽度大于 5 m 的中小河道、沟渠共 306 条段,总长度 1 062.7 km。其中流域面积大于 10 km² 的河流有 50 条,流域面积小于 10 km² 大于 2 km² 的河道有 100 条,流域面积 2 km² 以下的村庄排水沟渠、支流河道有 137 条,引水渠道有 19 条。平均河网密度 0.5 km/km²。

即墨区的河流属于季风雨源型,源短流急,大多为独立入海的山溪性河流,主要河流有大沽河、五沽河、流浩河、桃源河、墨水河、莲阴河、店集河、大任河、洪江河、王村河、温泉河、社生河、皋虞河、大桥河共 14 条,总长度 260.84 km。全区河流按水系主要分为墨水河、周疃河及大沽河三大水系。

即墨区共有中型水库 4 座,分别是挪城水库、宋化泉水库、王圈水库、石棚水库,总库容 9 209 万 m³,兴利库容 5 651 万 m³;小(1)型水库 8 座,总库容 1 880 万 m³,兴利库容 1 134 万 m³;小(2)型水库 28 座,总库容 786 万 m³,兴利库容 516 万 m³。塘坝 600 余座,湾塘 1 000 余处,总库容 2 727 万 m³;较大拦河闸坝 60 座,总拦蓄能力 1 753 万 m³;万亩以上灌区 9 个,有大小水厂 17 座。地表水拦蓄能力 1.3 亿 m³,地下水提取能力 6 700 万 m³。全区耕地面积 130.5 万亩,灌溉面积 93.41 万亩,占耕地面积的 71.6%。全区初步形成了水资源保障、防洪除涝、农村供水、节水灌溉和水土保持五大工程体系。

2020 年,即墨区用水量 9 337 万 m³,其中地表水 6 096 万 m³,地下水 3 241 万 m³;按照行业划分,农田灌溉用水量 2 184 万 m³,林牧渔畜用水量 407 万 m³,工业用水量 2 460 万 m³,城镇公共用水 415 万 m³,居民生活用水 3 671 万 m³,生态环境补水 200 万 m³。

4)胶州市

胶州市位于青岛市中西部,多年平均降水量为 672.8 mm;多年平均水资源总量为 1.727 8 亿 m³,其中多年平均地表水资源总量为 1.223 2 亿 m³,多年平均地下水资源总量为 1.151 9 亿 m³,两者间重复计算量 0.647 3 亿 m³。多年平均水资源可利用量为 1.249 8 亿 m³,其中多年平均地表水可利用量为 8 101 万 m³,多年平均地下水可利用量为 6 561 万 m³,地表水与地下水可利用量的重复计算量为 2 164 万 m³。

胶州市人均占有水资源 190 m³;共有河流 27 条,分属于大沽河、南胶莱河、洋河三大水系;全市共有山洲水库、青年水库 2 座中型水库,官路和东部滞洪区、46 座小型水库。

2020 年,胶州市用水量 8 394 万 m³,其中地表水 5 427 万 m³,地下水 2 967 万 m³;按照行业划分,农田灌溉用水量 2 055 万 m³,林牧渔畜用水量 455 万 m³,工业用水量 2 167 万 m³,城镇公共用水 954 万 m³,居民生活用水 2 384 万 m³,生态环境补水 379 万 m³。

5) 平度市

平度市位于青岛市西北部,多年平均水资源总量为 4.18 亿 m³,多年平均水资源可利用总量为 2.97 亿 m³,人均占有水资源量为 310 m³,且 70% 左右的径流集中在汛期(6~9 月份),最大年径流量是最小年径流量的 6 倍左右,水资源的时空分布不均,变化剧烈,水资源短缺形势突出。

平度市多年平均年降水量为 640.3 mm,其降水特点:一是降水年内分布不均,降水多集中在 6~9 月份,多年平均 6~9 月份降水为 478.0 mm,占全年降水量的 74.7%;1~5 月份为 103.8 mm,占全年降水量的 16.2%;10~12 月份为 58.8 mm,占全年降水量的 9.1%。二是降水量年际变化大。最大年降水量为 1 356.1 mm(1964 年),最小年降水量为 288.5 mm(1981 年),最大年降水量是最小年降水量的 4.7 倍。三是地域分布不均。总的趋势是山区大于平原,由东北部山区向西南、西北胶莱河谷递减。

平度市流域面积 30 km² 以上的主要河流有 30 条,分属北胶莱河和大沽河两大水系。

2020 年,平度市用水量 16 184 万 m³,其中地表水 7 802 万 m³,地下水 8 382 万 m³;按照行业划分,农田灌溉用水量 10 625 万 m³,林牧渔畜用水量 756 万 m³,工业用水量 1 471 万 m³,城镇公共用水 320 万 m³,居民生活用水 2 806 万 m³,生态环境补水 206 万 m³。

6) 莱西市

莱西市位于青岛市东北部,多年平均水资源总量 3.029 5 亿 m³,其中地表水

2.019 5 亿 m³、地下水 1.01 亿 m³，人均占有水资源量为 430 m³。多年平均降水量为 687.7 mm，降雨年内分配不均，汛期雨量集中，多年平均汛期降雨量为 517.15 mm，占平均年降水量的 75.2%，造成夏季多洪涝灾害。而冬春、夏初和晚秋又常因少雨而干旱，降雨年际变化大，最大年降雨量为 1 458.1 mm（1964 年），是多年平均降雨量的 2.1 倍，最小年降雨量为 365.3 mm（1981 年），是多年平均降雨量的 53.1%。同时，境内降雨分布不均，北部低山丘陵区偏多，南部洼地区最少，由北向南呈递减趋势。

莱西市境内大小河流共 61 条，主要属于大沽河水系。大沽河纵贯市中部南流，小沽河沿市西部南流，洙河沿市东部南流，五沽河沿市南部西流。洙河、小沽河、五沽河分别于水集街道北张家庄村西南、院上镇大里村前、店埠镇韩家汇村西汇入大沽河，然后南流注入胶州湾。

全市有大型水库 1 座，为产芝水库，坝址以上控制流域面积 879 km²。产芝水库是一座以防洪为主，兼有城市供水、灌溉、养殖和旅游开发等综合利用的大（2）型水库，为胶东半岛第一大水库。水库总库容 3.798 亿 m³，兴利库容 2.16 亿 m³，死库容 800 万 m³。有中型水库 2 座，分别是北墅水库、高格庄水库。其中，高格庄水库坝址以上流域面积 129 km²，总库容 1 961 万 m³。北墅水库控制流域面积 301 km²，总库容 4 961 万 m³。全市小（2）型水库 55 座，总库容 46 614 万 m³。塘坝 1 916 座，总库容 2 525 万 m³。机电井 27 143 眼。

2020 年，莱西市用水量 8 655 万 m³，其中地表水 5 186 万 m³，地下水 3 469 万 m³；按照行业划分，农田灌溉用水量 2 917 万 m³，林牧渔畜用水量 3 496 万 m³，工业用水量 540 万 m³，城镇公共用水 179 万 m³，居民生活用水 1 401 万 m³，生态环境补水 122 万 m³。

5.2.3 经济社会概况

1）城阳区

城阳区位于青岛市市区北部，因区政府坐落于城阳街道而得名。面积583.68 km²，辖 8 个街道、281 个社区，其中农村社区 208 个、城市社区 73 个（含青岛高新区）。

2020 年，城阳区完成生产总值 1 209.63 亿元，比上年（下同）增长 5.1%。其中，第一产业增加值 17.95 亿元，第二产业增加值 568.95 亿元，第三产业增加值

622.73 亿元。固定资产投资增长 8.7%，地方一般公共预算收入 121 亿元，地方一般公共预算支出 100.6 亿元。实现农林牧渔业增加值 18.24 亿元。粮食播种面积 873.34 公顷，粮食总产量 0.51 万吨。肉类总产量 2 471 吨，禽蛋总产量 4 554 吨，奶类总产量 8 196 吨，水产品总产量 23.64 万吨。全年国土绿化面积 214.6 公顷，森林覆盖率 15.1%。实现工业增加值 495.7 亿元，增长 2.2%。规模以上工业增加值增长 4.3%，规模以上工业企业实现利润总额增长 7.9%。有资质内总承包、专业承包建筑业企业 99 家，实现建筑业增加值 75.95 亿元，建筑业总产值 93.7 亿元。

2020 年年末，全区常住人口 111.59 万人，2020 年出生人口 6 073 人，自然增长人口 3 446 人。

2）西海岸新区

青岛西海岸新区位于青岛胶州湾西岸，是国务院批复的第九个国家级新区，陆域面积 2 128 km²，海域面积 5 000 km²，海岸线长 280 km。

2020 年，全区生产总值 3 721.68 亿元，占青岛市生产总值的比重为 30%，按可比价格计算，比上年（下同）增长 3.9%。其中，第一产业增加值 82.25 亿元，增长 3.4%；第二产业增加值 1 399.31 亿元，增长 2.1%；第三产业增加值 2 240.12 亿元，增长 5.1%。三次产业比例由 2019 年的 2.2∶38.1∶59.7 调整为 2.2∶37.6∶60.2。2020 年，农林牧渔业增加值 87.02 亿元（含农林牧渔服务业 4.77 亿元），增长 3.4%。种植业发展保持平稳，全年粮食播种面积 71.4 万亩，粮食产量 25.64 万吨，增长 1.14%。全年实际完成造林面积 17 539 亩。森林覆盖率 22.75%，全年完成森林抚育面积 1 120 亩。全年肉蛋奶总产量 8.0 万吨，下降 17.5%。全年实现水产品总产值 73.6 亿元，增长 3.98%。完成水产品总产量 35.1 万吨。农机总动力 83.2 万千瓦，增长 0.4%。农用拖拉机 4.7 万台，下降 0.1%。农作物生产综合机械化水平 88.9%。全区工业增加值 1 077.3 亿元，增长 1.8%。其中，规模以上工业增加值 697.4 亿元，增长 3.8%。全年实现规模以上工业利润 230.4 亿元，增长 15.7%；实现规模以上工业利税 369.4 亿元，增长 13.1%。全区居民人均可支配收入 48 425 元，增长 4.0%。按常住地划分，城镇居民人均可支配收入 54 739 元，增长 2.4%；农村居民人均可支配收入 23 937 元，增长 4.9%。

2020 年年末，全区常住总人口 191.37 万人，城镇化率 82%。

3）即墨区

即墨区位于青岛市东北部,因古城坐落在墨水河之滨而得名。面积 1 920.92 km²,辖 11 个街道、4 个镇、1 个省级经济开发区、1 个省级旅游度假区、1 个省级高新区和 1 个经济新区。

2020 年,即墨区实现生产总值 1 278.36 亿元,比上年(下同)增长 5.8%。其中,第一产业增加值 76.97 亿元,第二产业增加值 630.19 亿元,第三产业增加值 571.2 亿元。规模以上固定资产投资增长 4.4%,地方一般公共预算收入 112 亿元,地方一般公共预算支出 128.2 亿元。实现社会消费品零售总额 472 亿元,实现外贸进出口总额 419.2 亿元。实现农林牧渔业总产值 149 亿元。粮食播种面积 7.62 万公顷,粮食总产量 43.4 万吨。有绿色食品认证单位 13 家、无公害农产品认证企业 91 家。肉、蛋、奶总产量 20.1 万吨,水产品总产量 28.4 万吨。全年新增造林面积 466.67 公顷。农业机械总动力 112.9 万千瓦,农作物耕种收综合机械化水平达 88.6%。实现工业增加值 509.14 亿元,增长 8.3%。规模以上工业增加值增长 15.8%,规模以上工业企业实现营业收入 1 335.5 亿元、利润 52.2 亿元、税收 138.9 亿元。实现建筑业总产值 136.7 亿元,增长 6.4%。城乡居民人均可支配收入 39 188 元,增长 3.9%;城镇居民人均可支配收入 50 607 元,增长 2.3%;农村居民人均可支配收入 24 026 元,增长 4.5%。

2020 年年末,全区常住人口 133.61 万人,其中城镇常住人口为 78.93 万人,占比 59.07%;居住在乡村的人口为 54.68 万人,占比 40.93%。

4）胶州市

胶州市地处黄海之滨、胶州湾畔,因东南临胶州湾,以胶水而得名。1987 年 2 月经国务院批准,在青岛地区第一个撤县设市。东西横距 51 km,南北纵距 54.3 km,陆地面积 1 324 km²,海岸线 25 km,辖 4 个镇、8 个街道办事处、811 个行政村、65 个社区(居委会)。

2020 年,胶州市生产总值 1 225.86 亿元,按可比价格计算,比上年(下同)增长 5.5%。其中,第一产业增加值 57.79 亿元,增长 2.8%;第二产业增加值 567.80 亿元,增长 6.2%;第三产业增加值 600.27 亿元,增长 4.9%。三次产业比例为 4.7:46.3:49.0。全市实现农林牧渔业总产值 109.9 亿元,增长 3.1%。实现农林牧渔业增加值 63.1 亿元,增长 3.2%。全市粮食播种面积 88.7 万亩。粮食总产量达到 36.2 万吨,其中小麦 12.5 万吨,玉米 22.4 万吨;蔬菜总产量 109.4 万吨,水果总产量 4.2 万吨;猪牛羊禽肉总产量 3.2 万吨;牛奶总产量 0.68 万吨;禽蛋总产量 3.9 万吨。全年完成造林面积 833.5 公顷。水产品总产量 101 068 吨,其中,捕捞产量 23 153 吨,海水养殖产量 69 680 吨,淡水养殖产量 8 235 吨。水产养殖面积 2 524 公顷,其中海水养殖面积 1 833 公顷,淡水养殖面积 691 公顷。2020 年年末全市拥有农业机械总动力 111.5 万千瓦,增长 1.2%;农用拖拉机 2.49 万台;农村地膜覆盖面积 15 345 公顷。

2020 年年末,胶州市常住总人口为 98.78 万人,常住人口城镇化率达到 62.16%。

5) 平度市

平度市地处山东半岛腹地,胶东半岛西缘。东隔小沽河、大沽河,与莱西市、即墨区相望;南与胶州市接壤;西与西南以纵贯山东半岛,沟通胶州湾、莱州湾的胶莱河为界,与昌邑市、高密市毗邻;北以大泽山系为界,与莱州市相连。全市总面积 3 175.63 km²,约占青岛市总面积的 3/10,是山东省面积最大的县级市。下辖 5 个街道:凤台街道、白沙河街道、东阁街道、李园街道、同和街道;12 个镇:新河镇、大泽山镇、店子镇、田庄镇、旧店镇、明村镇、崔家集镇、蓼兰镇、南村镇、仁兆镇、古岘镇、云山镇;共有 1 791 个村庄。

2020 年,平度市生产总值 715.7 亿元,按可比价格计算,比上年(下同)增长 3.5%。其中,第一产业增加值 113.4 亿元,增长 3.0%;第二产业增加值 254.7 亿元,增长 3.4%;第三产业增加值 347.6 亿元,增长 3.8%。三次产业结构比例调整为 15.8∶35.6∶48.6。全市粮食播种面积 299.03 万亩,增长 0.3%。粮食总产量 143.35 万吨,增长 0.6%。其中,夏粮产量 66.64 万吨,下降 2.8%;秋粮产量 76.71 万吨,增长 3.8%。花生播种面积 31.3 万亩,增长 1.2%,总产量 10.4 万吨,增长 5.7%。蔬菜总产量 293.4 万吨,增产 5.8%。瓜果类(西瓜甜瓜草莓)总产量 20.4 万吨,下降 10.2%。水果产量 24.4 万吨,下降 7.9%。全市完成造林面积 751 公顷。全市猪牛羊禽肉产量 15.5 万吨,其中猪肉产量 5.21 万吨,下降 3.7%。禽蛋产量 4.25 万吨。牛奶产量 1.38 万吨。全市水产品总产量 1 170 吨。全市农业机械总动力 283 万千瓦。全市实际耕地灌溉面积 128.95 千公顷,其中节水灌溉面积 85.33 千公顷。

2020年年末,平度市常住总人口为 119.13 万人,其中城镇人口 52.00 万人,城镇化率 43.64%。全年新出生人口 9 509 人,出生率 6.8‰,出生人口中二胎占比 53%;人口自然增长率 −1.55‰。

6）莱西市

莱西市位于山东半岛中部,居山东半岛城市群概念区几何中心,东临莱阳市,北靠招远市,西北毗邻莱州市,西顺小沽河与平度市相邻,南沿五沽河同即墨区交错接壤。南北最大长度 63 km,东西最大宽度 36 km,呈不规则长方形,总面积 1 568.8 km²。城区位于莱西市境中部偏东。莱西市辖 3 个街道(水集、望城、沽河)、8 个镇(姜山、夏格庄、店埠、院上、南墅、日庄、马连庄、河头店)和 1 个经济开发区,共 861 个行政村。

2020 年,莱西市实现生产总值 551.87 亿元,按可比价格计算,比上年(下同)增长 3.7%。其中,第一产业增加值 68.91 亿元,增长 3.0%;第二产业增加值 199.12 亿元,增长 2.2%;第三产业增加值 283.84 亿元,增长 5.1%。三次产业结构调整比例为 12.5∶36.1∶51.4。"十三五"时期生产总值年均增长 5.5%。粮食播种面积 129.61 万亩,总产量达到 55.48 万吨,亩产达到 428.06 千克。其中,夏粮(小麦)播种面积 61.03 万亩,总产量达到 24.07 万吨,亩产达到 394.48 千克。全市花生总产量达到 8.16 万吨,增长 8.1%,亩产达到 336.7 千克。蔬菜(含菜用瓜)总产量 125.23 万吨,增长 4.6%。完成造林面积 1 247 公顷,幼林抚育面积 177 公顷。水产品总产量 2 216.4 吨,增长 5.4%。2020 年年末,全市拥有农业机械总动力 138 万千瓦,增长 1.6%;农用拖拉机 44 036 辆,增长 0.59%。农田有效灌溉面积 53.91 千公顷,其中,节水灌溉面积 40.16 千公顷。

2020 年年末,莱西市常住人口总数 71.97 万人,2020 年出生人口 4 898 人,人口自然增长率 −1.8‰。

5.3 水量分配方案

5.3.1 跨地市级行政区大沽河水量分配

2010 年,山东省水利厅印发《山东省主要跨设区的市河流及边界水库水量分配方案》(鲁水办字〔2010〕3 号),根据省政府批复的《山东省水资源综合规划》(鲁政字〔2008〕106号)对大沽河水量进行了地市级行政区间的分配,烟台、青岛、潍坊3市及引黄济青工程引水分配水量分别为:0.50亿 m³、3.12亿 m³、0.35亿 m³、0.20亿 m³,合计分配水量4.17亿 m³。

5.3.2 青岛境内大沽河区和南胶莱河区水量分配

南胶莱河是大沽河最大的支流,在大沽河干流下游汇入大沽河后入黄海,在青岛市四级水资源分区中独立分区。为便于水量分配指标的管理,将大沽河区和南胶莱河区进行水量分配。

根据第三次水资源调查评价,按照四级水资源区地表水资源产水量和河道外地表水可利用量(扣除生态需水量)进行分配。大沽河区和南胶莱河区分配水量分别为2.56亿 m³、0.56亿 m³。

5.3.3 各行政区水量分配

1)南胶莱河水量分配计算结果

按照前述计算规则,南胶莱河区水量分配计算结果为:

西海岸新区927万 m³、胶州市3 158万 m³、平度市1 516万 m³。

2)大沽河水量分配计算结果

考虑到城阳区位于大沽河入海口,且不具备水资源开发利用工程措施的实际情况,根据城阳区分配水量所占比重不同,提出3个分配方案,详见表5-6。

方案一:按照前述计算规则,流域内各行政区平等参与分配。

经计算,大沽河区水量分配计算结果为:

莱西市10 550万 m³、平度市6 880万 m³、胶州市2 509万 m³、即墨区4 157万 m³、城阳区1 504万 m³。

方案二:城阳区不参与分配。在不考虑城阳区参与本次水量分配情况下,经计算,大沽河区水量分配计算结果为:

莱西市11 146万 m³、平度市7 352万 m³、胶州市2 713万 m³、即墨区4 389万 m³。

方案三:仅考虑城阳区当地产水和少量当地供水因素,不考虑城阳区用水需求增长因素(用水需求增长考虑外调水源解决)。

表 5-6　青岛市大沽河区水量分配方案计算表

区（市）		莱西市	平度市	胶州市	即墨区	城阳区
产水因子	权重	0.415 1	0.305 5	0.050 7	0.190 2	0.038 5
	归一化	0.431 7	0.317 7	0.052 7	0.197 8	
工程可供水因子	权重	0.492 2	0.22	0.114 6	0.169	0.004 2
	归一化	0.494 3	0.220 9	0.115 1	0.169 7	
工程可供水量/万 m³	大中型	14 081	5 921	507	1 806	0
	小型	365	603	423	267	
	闸坝	2 097	871	2 923	3 608	140
	合计	16 543	7 395	3 853	5 681	140
用水需求因子	权重	0.328	0.268 8	0.144 3	0.118 6	0.140 3
	归一化	0.381 5	0.312 7	0.167 8	0.138 0	
分配系数	方案一	0.412 1	0.268 8	0.098	0.162 4	0.058 8
	方案二	0.435 4	0.287 2	0.106 0	0.171 4	
	方案三	0.428 2	0.282 0	0.105 0	0.168 2	0.016 7
分配方案/万 m³	方案一	10 550	6 880	2 509	4 157	1 504
	方案二	11 146	7 352	2 713	4 389	0
	方案三	10 961	7 219	2 688	4 305	426

经计算，大沽河区水量分配计算结果为：

莱西市 10 961 万 m³、平度市 7 219 万 m³、胶州市 2 688 万 m³、即墨区 4 305 万 m³、城阳区 426 万 m³。

综合考虑流域产流能力与各区（市）经济社会发展用水需求，依据前文提出的水量分配原则，建议推荐方案三。

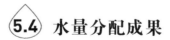

5.4　水量分配成果

5.4.1　大沽河流域分配水量

大沽河青岛境内流域面积 4 781 km²，多年平均天然年径流量 5.27 亿 m³，山东省分配青岛市水量 3.12 亿 m³，其中支流小沽河 0.64 亿 m³，支流南胶莱河 0.56 亿 m³，大沽河干流及其他支流 1.92 亿 m³。

大沽河水量分配主要涉及城阳区、西海岸新区、即墨区、胶州市、平度市、莱西市。

5.4.2 北胶莱河流域水量分配

北胶莱河青岛境内流域面积 1 914 km²，多年平均天然年径流量 1.12 亿 m³，山东省分配青岛市水量 0.50 亿 m³。

北胶莱河水量分配只涉及平度市。

5.4.3 各行政区水量分配

各行政区水量分配综合考虑流域产水量、水资源开发利用现状与水利工程可供水量、经济社会用水需求等主要因素，并经征询各区（市）有关意见建议进行复核，综合协调确定。

1）支流小沽河

莱西市 0.18 亿 m³、平度市 0.46 亿 m³。

2）支流南胶莱河

平度市 0.15 亿 m³、胶州市 0.32 亿 m³、西海岸新区 0.09 亿 m³。

3）大沽河干流及其他支流

莱西市 0.90 亿 m³、平度市 0.25 亿 m³、胶州市 0.25 亿 m³、即墨区 0.48 亿 m³、城阳区 0.04 亿 m³。

4）北胶莱河

平度市 0.50 亿 m³。

青岛市大沽河等河流水量分配情况具体见表 5-7。

表 5-7 青岛市大沽河等河流水量分配表

单位：亿 m³

河流	区（市）	莱西市	平度市	胶州市	即墨区	西海岸新区	城阳区	合计
大沽河流域	支流小沽河	0.18	0.46					0.64
	支流南胶莱河		0.15	0.32		0.09		0.56
	干流及其他支流	0.90	0.25	0.25	0.48		0.04	1.92
	小　计	1.08	0.86	0.57	0.48	0.09	0.04	3.12
北胶莱河流域			0.5					0.5

5.5 不同保证率分配方案

表 5-7 是基于多年平均来水情况下进行的水量分配。在多年平均水量分配基础上,经调算可得到不同保证率下水量分配方案,见表 5-8 至表 5-10。

表 5-8　保证率 50% 情况下大沽河河流水量分配

单位:亿 m³

河流　　区(市)			莱西市	平度市	胶州市	即墨区	西海岸新区	城阳区	合计
大沽河水系			1.30	1.10	0.73	0.70	0.10	0.06	3.99
其中	支流	小沽河	0.23	0.56					0.79
		南胶莱河		0.17	0.36		0.10		0.63
	干流及其他支流		1.07	0.37	0.37	0.70		0.06	2.57

表 5-9　保证率 75% 情况下大沽河河流水量分配

单位:亿 m³

河流　　区(市)			莱西市	平度市	胶州市	即墨区	西海岸新区	城阳区	合计
大沽河水系			1.01	0.75	0.47	0.41	0.07	0.03	2.74
其中	支流	小沽河	0.17	0.42					0.59
		南胶莱河		0.12	0.26		0.07		0.45
	干流及其他支流		0.84	0.21	0.21	0.41		0.03	1.70

表 5-10　保证率 95% 情况下大沽河河流水量分配

单位:亿 m³

河流　　区(市)			莱西市	平度市	胶州市	即墨区	西海岸新区	城阳区	合计
大沽河水系			0.78	0.44	0.17	0.17	0.02	0.01	1.59
其中	支流	小沽河	0.11	0.32					0.43
		南胶莱河		0.04	0.08		0.02		0.14
	干流及其他支流		0.67	0.08	0.09	0.17		0.01	1.02

⑤.⑥ 本章小结

本章提出了大沽河等水系水量分配的原则与方法,经水资源现状调查、水量分配影响因子筛选、专家咨询评估,分析计算了大沽河及其主要支流水量分配影响因子与水量分配成果,并对水量分配成果进行了调研、复核。针对城阳区位于大沽河入海口,不具备水资源开发利用工程措施的实际情况,对大沽河水量分配提出了 3 种方案;考虑到方案的可实施性,在多年平均来水情况下水量分配的基础上,分别提出了 $P = 50\%$、75%、95% 不同保证率下的水量分配方案。

第**6**章 ▶▶▶

水量调度方案研究

6.1 总体设计

6.1.1 指导思想

全面贯彻落实习近平生态文明思想和关于治水工作的重要精神,积极践行"节水优先、空间均衡、系统治理、两手发力"的治水思路,加快建立目标合理、责任明确、保障有力、监管有效的河湖生态水量保障和管控体系,落实水资源最大刚性约束制度,促进大沽河水生态环境改善和幸福河湖建设。

6.1.2 基本原则

(1)适用范围。本方案适用于青岛市行政区域内大沽河干流的水量调度管理,并考虑地下水资源的利用情况。

(2)水量管控。大沽河水量实行统一调度,遵循区域用水总量控制、重要断面生态水量控制和分级管理、分级负责的原则。

(3)生态保障。大沽河作为补充和备用水源,统筹生活、生产、生态用水,加大客水和非常规水的利用力度,尽量减少从大沽河河道内取水,保障河道内生态水量。

6.1.3 主要目标

(1)加强大沽河水量统一调度。合理配置大沽河水资源,落实大沽河生态水量保障目标和青岛市大沽河等河流水量分配方案,促进流域经济社会发展和生态环境改善。

（2）保障大沽河生态水量。按照大沽河生态水量保障目标，在优于 75% 来水频率年份，年累计通过主要控制断面（南村水文站断面）的水量不少于 951 万 m^3，其中丰水期不少于 788 万 m^3。

6.1.4　依据文件

（1）《中华人民共和国水法》。
（2）《取水许可和水资源费征收管理条例》。
（3）《取水许可管理办法》。
（4）《山东省水资源条例》。
（5）《山东省非农业取用水量核定工作办法》。
（6）《青岛市大沽河管理办法》。

6.2　调度计划

6.2.1　责任主体

青岛市水行政主管部门负责大沽河水量调度的总体组织、协调、监督、指导和考核。业务处室与技术支撑单位在青岛市水行政主管部门统一领导下，具体负责制定下达年度取水计划和水量调度计划，并对大沽河河道内取水行为进行抽查检查；青岛市大沽河流域管理机构参与做好年度取水计划和水量调度计划上报及下达工作，并对大沽河沿线取水行为开展日常监督检查。

大沽河沿线各有关区（市）水行政主管部门参与做好本辖区内取水单位或个人年度取水计划和水量调度计划上报及下达工作，负责所辖范围内大沽河水量调度的具体实施和日常监督检查。

其中，棘洪滩水库从大沽河取水由青岛市水行政主管部门直接监督管理，青岛市水务集团从大沽河取水由取水口所在地水行政主管部门实施监督管理。

6.2.2　调度方案

一般年份，大沽河水量应当保障生态用水，在河道内无径流且取水口闸前水位小于正常蓄水位 40% 的情况下，有替代水源的非农业取水单位或个人原则上不得从河道内取水。

特殊干旱年份,大沽河水量应当优先保障生活用水,并对其他取水单位或个人的取水量予以紧急限制。发布抗旱应急响应时,按照《青岛市防汛抗旱应急预案》有关规定执行。大沽河河道断流且地下水源地水位埋深达到 5.35 m 时,除抗旱应急外,不得取用大沽河地下水。

从大沽河河道内取水的单位或个人均应当依法申办"取水许可证",青岛市大沽河等河流水量分配方案的分配水量是确定各区(市)从大沽河河道内取水的许可总量控制的依据。各区(市)从大沽河河道内取水的年度取用水总量,不得超过青岛市大沽河等河流水量分配方案确定的分配水量和年初下达的计划水量。

大沽河干流的水文监测和水文情报数据,以水文监测机构数据为准。

6.2.3 取用水计划

大沽河水量调度实行年度取水计划、季度调度计划、月度调度计划、实时调度计划相结合的方式进行,实行区域用水总量和断面生态水量双控制。

1)年度取水计划下达

取水单位或个人应当在每年 12 月 31 日前向青岛市水行政主管部门报送下一年度取水计划建议。青岛市水行政主管部门每年 1 月底前依照本地区本年度取水计划、取水单位或个人提出的取水计划建议,按照统筹协调、综合平衡、留有余地的原则,制定本年度取水计划,经局党组研究后印发实施。

2)季度水量调度计划下达

在当年 10 月 1 日至次年 5 月 30 日枯水期,有替代水源的非农业取水单位或个人原则上不得从河道内取水,因特殊原因确需取水的单位或个人需报青岛市水行政主管部门同意。青岛市水行政主管部门根据青岛市大沽河等河流水量分配方案和用水总量控制指标、重要控制断面生态水量控制指标,在综合考虑取水计划建议、沿线供水工程蓄水情况的基础上,制定季度水量调度计划。

3)月度水量调度计划下达

在 6 月 1 日至 9 月 30 日丰水期,取水单位或个人每月底向青岛市水行政主管部门报送下月水量调度计划建议,青岛市水行政主管部门根据降水、河道径流、工程蓄水等情况,结合主要控制断面来水预测,制定月度水量调度计划。

4）实时水量调度计划下达

因自然原因使大沽河水量不能满足正常供水的,取水、退水对水域使用功能、生态与环境造成严重影响的,出现需要限制取水量的其他特殊情况的,青岛市水行政主管部门可以对大沽河河道内取水的单位或个人的取水量予以限制,下达实时水量调度计划。

6.2.4 生态补水措施

大沽河河道径流不能满足生态用水需求时,可通过上游水库放水、闸坝泄水、河道外补水等措施保障大沽河河道生态水量,各区(市)水行政主管部门应当做好生态用水管控,生态补水不得用于其他用途。

 监督管理

6.3.1 取水口计量管理

青岛市水行政主管部门对大沽河水量调度建立统一的调度监管信息平台,加强取用水监测的信息化建设,提高水资源调度配置的科学性和准确性。

从大沽河河道内取水的单位或个人须安装符合国家标准的计量设施,并保证计量设施运行正常。年许可取用地表水 50 万 m³ 以上的单位或个人,须建设远程在线水量计量监测设施,并与国家、市水资源管理信息系统联网。

6.3.2 监督检查

青岛市水行政主管部门和各有关区(市)水行政主管部门按照水量调度权限,对从大沽河河道内取水的单位或个人取水情况进行监督检查,并根据取水单位或个人的取水情况对有关河段、重要取水口开展重点检查。

1）日常巡查检查

各有关区(市)水行政主管部门负责对辖区范围内的取水单位或个人计划执行情况、计量设施运行情况等开展日常检查,并对发现的问题及时进行整改;青岛市大沽河流域管理机构组织对大沽河沿线取水行为开展日常巡查。

2）抽查检查

青岛市水行政主管部门、技术支撑单位会同大沽河流域管理机构、各有关区（市）水行政主管部门对大沽河沿线取水行为进行抽查检查。

6.3.3　取水信息采集

采用月度、季度取水情况上报和年度取水情况上报相结合的方式进行。

1）月度取水情况上报

汛期每月 25 日前，取水单位或个人应当报送当月取用水量与下月取用水计划，并由取水口所在区（市）水行政主管部门进行确认后，报青岛市水行政主管部门，作为下达下一个月取用水计划的参考依据。

2）季度取水情况上报

每季度结束后 3 个工作日内，取水单位或个人应当通过山东省水资源税信息管理系统报送取用水量，并由取水口所在区（市）水行政主管部门进行水量核定。

3）年度取水情况上报

取水单位或个人应当在每年 12 月 31 日前向取水口所在区（市）水行政主管部门报送本年度的取水情况，经区（市）水行政主管部门审核后于次年 1 月 5 日前报青岛市水行政主管部门。

6.4　保障措施

6.4.1　纳入考核

大沽河水量调度纳入青岛市对各区（市）大沽河管理养护考核内容，由青岛市大沽河流域管理机构组织实施，青岛市水行政主管部门有关行政处室和技术支撑单位配合做好有关工作。

6.4.2　总量控制

对从大沽河河道内取水的年许可总量已经达到青岛市大沽河等河流水量分配方案分配水量的区（市），取水许可审批部门应暂停或者停止审批该区（市）辖区内从大沽河河道取水的新建、改建、扩建建设项目的取水许可申请;取水单位或个人实际取用水量超过计划取水量或调度水量的,核减该单位或个人下一年度计划取用水量或调度水量。

6.4.3　严格管理

对拒绝接受检查、不如实报送水量数据等弄虚作假的取水单位或个人,青岛市水行政主管部门督导取水口所在区(市)水行政主管部门联合税务部门暂时按照日最大取水(排水)能力核定取用水量,并缴纳水资源税。对巡查检查过程中发现的无证取水、超许可取水以及拒不执行水量调度计划、水量限制决定等违规违法取水行为,按照水事违法案件移送有关规定,移交行政执法部门进行查处。涉嫌偷税漏税的,依据《中华人民共和国税收征收管理法》追究法律责任。

6.5　本章小结

本章提出了青岛市大沽河水量调度方案设计的指导思想、基本原则和主要目标,在调度计划编制方面,提出了各责任主体的职责分工,一般年份和特殊干旱年份在制定调度方案时应分别优先考虑生态用水和生活用水;大沽河水量调度实行年度取水计划、季度调度计划、月度调度计划、实时调度计划相结合的方式进行,实行区域用水总量和断面生态水量双控制。为落实水量调度计划方案,应加强取水口计量管理,日常巡查检查与抽查检查相结合,采用月度、季度取水情况上报和年度取水情况上报相结合的方式进行取水信息采集。最后,从纳入考核、总量控制、严格管理三个方面提出了保障措施。

第7章 >>>

结论与展望

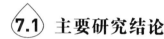 **7.1 主要研究结论**

1）大沽河是山东省典型的季节性河流

大沽河径流量具有明显的季节性特点,属于北方典型的季节性河流,年内来水具有明显的丰水期(7～9月份)和枯水期(1～6月份、10～12月份),丰水期多年平均径流量占全年总径流量的83.1%,枯水期径流量占16.9%。

2）水资源量呈显著减少趋势

大沽河南村水文站降水量、蒸发量、实测径流量、天然径流量均呈现出减少趋势,1956～2016年平均减少速率分别为 $-2.146\ 3\ mm/a$、$-4.750\ 5\ mm/a$、$-0.118\ 3$ 亿 m^3/a、$-0.123\ 1$ 亿 m^3/a,变化趋势坡度 β 分别为 $-1.475\ mm/a$、$-4.832\ mm/a$、-0.054 亿 m^3/a、-0.081 亿 m^3/a。

3）径流量在1976年发生突变

大沽河南村水文站实测径流量、天然径流量均有1个突变点,均在1976年左右发生了由多到少的突变,突变年份前后10 a均值分别减少了3.22亿 m^3、2.56亿 m^3,变化率分别为73%、40%。

4）变化周期

大沽河南村水文站径流量呈现明显的周期性震荡,天然径流量第一主周期为21 a,第二、第三主周期分别为12 a和8 a。

5) 人类活动对径流量变化的贡献率较大

气候变化与人类活动造成大沽河南村水文站天然径流量减少,其中人类活动是主要原因,人类活动引起的下垫面变化对天然径流量变化的贡献率为68%～96%。

6) 大沽河生态水量保障目标

考虑河流水资源条件及不同频率来水情况,结合生态保护对象用水需求和可达性,综合确定大沽河生态水量保障目标为951万 m^3/a。设计保证率为75%,即在优于75%来水频率年份,累计通过南村水文站断面的水量能够超过确定的生态水量指标。

7) 大沽河水量分配方案

大沽河青岛境内流域面积4 781 km^2,多年平均天然年径流量5.27亿 m^3,青岛市可用水量3.12亿 m^3,其中支流小沽河0.64亿 m^3(分配莱西市0.18亿 m^3、平度市0.46亿 m^3)、支流南胶莱河0.56亿 m^3(分配平度市0.15亿 m^3、胶州市0.32亿 m^3、西海岸新区0.09亿 m^3),大沽河干流及其他支流1.92亿 m^3(分配莱西市0.90亿 m^3、平度市0.25亿 m^3、胶州市0.25亿 m^3、即墨区0.48亿 m^3、城阳区0.04亿 m^3)。

8) 大沽河水量调度方案

从指导思想、基本原则、主要目标等方面拟定大沽河水量调度方案的总体设计思路,提出了一般年份、特殊干旱年份的水量调度方案,从年度取水计划、季度水量调度计划、月度水量调度计划、实时水量调度计划等四个方面研究了计划下达的时间节点与控制原则,并提出了监督管理和保障措施建议。

⑺.2 研究的不足及展望

受作者水平和时间等条件的限制,本研究难免存在诸多不足之处和有待进一步改善之处,主要有以下几个方面:

1) 采用的序列长度较短的问题

在收集资料时,考虑到数据的可靠性、一致性、代表性,降水量、蒸发量、径流量数据均采用了青岛市第三次水资源调查评价的结果,序列资料长度为1956～2016年,缺乏最新的数据资料。尽管从方法应用的角度,不会对理论基础造成影响,但得出的分析结果并未包含近几年的最新变化情况。在今后的研究中,有待于进一步收集资料,进一步分析各项数据的变化规律。

2）河道内生态需水量计算问题

河道内生态需水量的计算方法众多,不同方法的计算结果之间亦存在较大差异。由于受到资料收集、实地测量限制等影响,本书只采用了 Tennant 法和 Q_P 法,有待于进一步分析其他方法的适用性,补充有关数据资料,进一步核算大沽河河道内生态需水量。同时,大沽河河道演变以及含沙量、河道淤积等影响因素对大沽河生态系统的影响,在本书中没有讨论。在今后的研究中,应进一步收集河道演变、水沙关系等相关资料,对本书中的生态需水、频率计算等相关内容进行完善。

3）管理措施落地实施问题

本书内容侧重于理论分析,结论的正确性、实用性还有待于实践检验。在具体使用本书研究成果的过程中,应注意以下几个方面:一是进一步细化大沽河及其主要支流水量分配方案,预留生态用水、农业用水,明确沿线各区(市)取用水量控制指标,建立市、区(市)两级河道内取用水总量控制目标体系,加强取用水总量控制、用途管制,体现水资源的刚性约束作用。二是结合大沽河生态水量保障目标与水量分配方案,制定大沽河水量调度方案,采取有力措施,加强对大沽河河道内取用水的管控力度,提高生态水量保障能力。三是根据大沽河生态水量保障目标设定的控制断面,进一步明确参与调度的水利工程,制定水利工程运行控制方案与闸坝联合调度规程,以确保生态水量调度工作具有可操作性,有效地保障大沽河的生态水量。四是细化生态水量保障监测、预警、调度等方案,以促进大沽河生态水量保障工作的顺利实施;研究针对生态水量等河道小流量的监测方法或手段,建设小流量监测设施,为生态水量预警提供基础支撑。

附录 matlab 代码

附录 1 Mann-Kendall 法突变分析计算程序

```
clear;clc;
%---------- 参数配置 -------------
dataFilePath='C:\Users\yang\Desktop\ 副业 \mk\mk 资料 \ 龙岩气温数据 \';
% 数据文件所在路径
resultPath='C:\Users\yang\Desktop\ 副业 \mk\mk 资料 \result\';% 结果存储
路径
excelSuffix='xlsx';% 数据文件后缀
limit=1.96;%0.05 水平阈值为 1.96, 0.01 水平为 2.576
xstep=5;% 图上 x 轴显示步长

%---------- 开始计算 -------------
name0=dir(cat(2,dataFilePath,'\','*.',excelSuffix));
name=struct2cell(name0);
[w,l]=size(name);
U={};
for k=1:l
    disp(cat(2,name{1,k},' 计算中 ...'))
    A=xlsread(cat(2,dataFilePath,'\',name{1,k}));% 从 excel 读取数据
    x=A(:,1);% 时间数据
    y=A(:,2);% 气象因子数据
    n=length(y);% 数据长度
    Sk=zeros(size(y));
```

```matlab
UF=zeros(size(y));
s = 0;
for i=2:n
    for j=1:i
        if y(i)>y(j)
            s=s+1;
        else
            s=s+0;
        end;
    end;
    Sk(i)=s;% 秩序列
    E=i*(i-1)/4; % 均值
    Var=i*(i-1)*(2*i+5)/72; % 方差
    UF(i)=(Sk(i)-E)/sqrt(Var);
end;
y2=zeros(size(y));
Sk2=zeros(size(y));
UB=zeros(size(y));
s=0;
for i=1:n
    y2(i)=y(n-i+1);% 逆序过来重新计算一次
end;
for i=2:n
    for j=1:i
        if y2(i)>y2(j)
            s=s+1;
        else
            s=s+0;
        end;
    end;
```

```
    Sk2(i)=s;% 秩序列
    E=i*(i-1)/4; % 均值
    Var=i*(i-1)*(2*i+5)/72;  % 方差
    UB(i)=0-(Sk2(i)-E)/sqrt(Var);
end;
UB2=zeros(size(y));
for i=1:n
    UB2(i)=UB(n-i+1);% 将重新计算结果再倒回去
end;

%---------- 结果写入 excel------------
if strcmp(excelSuffix,'xls')
    suffixNum=4;
else
    suffixNum=5;
end
    xlswrite(cat(2,resultPath,'\',name{1,k}(1:end-suffixNum),'MK 统    计
量 .xlsx'),x,1,'A2');
    xlswrite(cat(2,resultPath,'\',name{1,k}(1:end-suffixNum),'MK 统    计
量 .xlsx'),UF,1,'B2');
    xlswrite(cat(2,resultPath,'\',name{1,k}(1:end-suffixNum),'MK 统    计
量 .xlsx'),UB2,1,'C2');
    xlswrite(cat(2,resultPath,'\',name{1,k}(1:end-suffixNum),'MK 统    计
量 .xlsx'),-limit*ones(n,1),1,'D2');
    xlswrite(cat(2,resultPath,'\',name{1,k}(1:end-suffixNum),'MK 统计量 .xl
sx'),limit*ones(n,1),1,'E2');
    xlswrite(cat(2,resultPath,'\',name{1,k}(1:end-suffixNum),'MK 统    计
量 .xlsx'),{' 时间 '},1,'A1');
    xlswrite(cat(2,resultPath,'\',name{1,k}(1:end-suffixNum),'MK 统    计
量 .xlsx'),{'UF'},1,'B1');
```

```matlab
    xlswrite(cat(2,resultPath,'\',name{1,k}(1:end-suffixNum),'MK 统  计
量 .xlsx'),{'UB'},1,'C1');
    xlswrite(cat(2,resultPath,'\',name{1,k}(1:end-suffixNum),'MK 统  计
量 .xlsx'),{' 下限 '},1,'D1');
    xlswrite(cat(2,resultPath,'\',name{1,k}(1:end-suffixNum),'MK 统  计
量 .xlsx'),{' 上限 '},1,'E1');


    %---------- 画图 -------------
    figure(k)
    plot(x,UF,'r-','linewidth',1.5);% 画 UF 曲线
    hold on
    plot(x,UB2,'b-.','linewidth',1.5);% 画 UB 曲线
    plot(x,limit*ones(n,1),'k:','linewidth',1);% 画上限
    plot(x,-limit*ones(n,1),'k:','linewidth',1);% 画下限
    plot(x,0*ones(n,1),'-.','linewidth',1);% 画 0 值横线
%     axis([min(x),max(x),miny,maxy]);
    tickv = x(1):xstep:x(n);% 设置步长
    set(gca,'XTick',tickv);
    set(gca,'XTickMode','manual');
    set(gca,'XTickLabelMode','manual');
    tickstr = num2str((x(1):xstep:x(n)).');
    set(gca,'XTickLabel',tickstr);
    set(gca,'XMinorTick','on')
    legend('UF','UB','0.05 显著水平 ');% 设置图例
    xlabel(' 年 份 /a','FontName','TimesNewRoman','FontSize',12);% 设 置 x
轴标签
    ylabel('MK 统 计 量 ','FontName','TimesNewRoman','Fontsize',12);% 设
置 y 轴标签
    print(gcf,'-dbitmap',cat(2,resultPath,'\',name{1,k}(1:end-4),'.bmp'));%
储存图片到脚本所在路径
```

```
end
close all;
disp(' 计算完成！')
```

附录 2   Theil-Sen 斜率的计算程序

```
clear;clc;
A=xlsread('C:\Users\lenovo\Desktop\11.xlsx') % 导入数据，存储在桌面
x=A(:,1);% 时间序列
y=A(:,2);% 径流数据列
n=length(y);
disp( 'Sen''s Nonparametric Estimator:' );
% calculate slopes
ndash = n * ( n - 1 ) / 2;
s = zeros( ndash, 1 );
i = 1;
for k = 1:n-1,
  for j = k+1:n,
    s(i) = ( y(j) - y(k) ) / ( j - k ) ;
    i = i + 1;
  end;
end;
% the estimate
sl = median( s );
disp( [ 'Slope Estimate = ' num2str( sl ) ] );
```

附录 3 滑动 T 突变分析检验的计算程序

```
function [ t,tp ] = Movet( y,x,IH,p,isp )
% [ t,tp ] = Movet( y,x,IH,p,isp )
%  y: the sequence
%  x: the x-coordinate of sequence(set as [] if not use, default=1:length(y))
%  IH: the length of subsequence(default=20)
%  p: the level of significance for t-testing(default=0.05)
%  isp: whether plot a figure or not(1 for yes, 0 for no, default=1)
%  Calculating and plotting the curve of the t statistics for moving t test.
%    Moving t method is a mutation test by checking the mean value
%    difference between two subsequences in a sequence.
%
%    AUTHOR sfhstcn2
%    CONTACT sfh_st_cn2@163.com

if nargin<5
   isp = 1;
end
if nargin<4
   p = [];
end
if nargin<3
   IH = [];
end
if nargin<2
   x = [];
end
```

```matlab
if nargin<1
    error('not enought input');
end
if isempty(p)
    p = .05;
end
if isempty(IH)
    IH = 20;
end
if isempty(x)
    x = 1:length(y);
end

n1 = IH;
n2 = n1;
N = n1+n2;
for i = 1:length(y)-N+1
m1(i) = mean(y(i:i+n1-1));
m2(i) = mean(y(i+n1:i+N-1));
v1(i) = var(y(i:i+n1-1));
v2(i) = var(y(i+n1:i+N-1));
end
t = (m1-m2)./sqrt((n1*v1+n2*v2)/(N-2))./sqrt(1/n1+1/n2);
tp = abs(tinv(p/2,N-2));

if ~isp
    return
end

xt = x(n1:length(y)-n2);
```

```
xl = [min(xt)-(max(xt)-min(xt))*.01 max(xt)+(max(xt)-min(xt))*.01];
plot(xt,-t,'color','b','linewidth',.8);
hold on
plot(xl,[tp tp],'color','r');
hold on
plot(xl,[-tp -tp],'color','r');
hold on
plot(xl,[0 0],'color','k');

yl0 = get(gca,'ylim');
yl = [min(yl0)-(max(yl0)-min(yl0))*.02 max(yl0)+(max(yl0)-min(yl0))*.05];
set(gca,'xlim',xl,'ylim',yl,'Fontname','Times New Roman','FontSize',10);
text(xl(2)+(xl(2)-xl(1))*.005,tp,['p=',num2str(p)],'Fontname','Times New Roman','FontSize',10);
text(xl(2)+(xl(2)-xl(1))*.005,-tp,['p=',num2str(p)],'Fontname','Times New Roman','FontSize',10);

title('Moving t test')
end
```

附录 4　小波分析的计算程序

一、数据处理,减小边界效应

1. 将原始数据按反年代—年代—反年代的顺序排列,例如:2016,2015,……,1957,1956,1956,1957,……,2015,2016,2016,2015,……,1957,1956。将排列好的数据复制到"q.txt"文件中,放在桌面上。

2. 打开 matlab 程序,在"命令窗口"里输入"load C:\Users\lenovo\Desktop\q.txt",回车,左上栏 workspace 出现黄色文件,将 q 另存为"q.mat"。

3. 在"命令窗口"里输入 wavemenu,选择"One-Dimensional"下的子菜单"Complex Continuous Wavelet 1-D",打开一维复连续小波界面,单击"File"菜单下的"Load Signal"按钮,载入径流时间序列 q.mat。图的左侧为信号显示区域,右侧区域给出了信号序列和复小波变换的有关信息和参数,主要包括数据长度(Data Size)、小波函数类型(Wavelet:cgau、shan、fbsp 和 cmor)、取样周期(Sampling Period)、周期设置(Scale Setting)和运行按钮(Analyze),以及显示区域的相关显示设置按钮。本例中,我们选择 cmor (1-1.5)、取样周期为 1、最大尺度为 32,单击"Analyze"运行按钮,计算小波系数。

4. 单击"File"菜单下的"Save Coefficients",保存为"confs.mat"。

5. 选择 matlab-file,打开"confs.mat",左上角 workspace 出现四个文件,双击 confs 打开(总共排列年代不能大于 1024 年,即 1024/3=341 年,超过 341 年则要对原始排列序列进行截取),将前后 61 列删除,剩下中间原始的 61 列(根据自己的数据个数筛选,本例是 61 年的数据)。

6. 另存为"eg.mat"。

7. 为了绘制能量谱,进行信度检验,另将没有处理过的原数据存为 qq.txt(只要径流数据列,不要年份)。

二、程序代码

```
%s=xlsread('C:\Users\lenovo\Desktop\q.xlsx','B1:B39');
% s=load('11.txt');   % input SST time series
```

```
%s=zscore(s);
dt=1;
t=[0:61-1]*dt+1956.0;
%scales=[1:1:61];
% 进行连续小波变换得到小波系数矩阵,选择 morlet 复小波函数
load eg.mat;% 载入小波系数
wf=coefs;
% 求得系数的实部
shibu=real(wf);
subplot(221);
contourf(shibu,10,'-');
colorbar;
time=1965:10:2015; % 按照自己的时间序列进行修改
xlabel(' 年份 ','FontSize',14,'FontName',' 宋体 ');%'FontSize',14,【字号为
14 号】;'FontName',' 宋体 '【字体为宋体】
ylabel(' 时间尺度 /a','FontSize',14,'FontName',' 宋体 ');
set(gca,'XTickLabel', time) % 更新 XTickLabel
set(gca,'FontName','Times New Roman','FontSize',14);% 设置坐标轴刻度
字体名称和大小
% 小波方差是模的平方的算术平均
mo=abs(wf);% 求模
mofang=mo.^2;% 求模的平方
fangcha=sum(mofang')/61;% 求小波方差
subplot(222);
plot(fangcha,'k-','linewidth',1.5);
xlabel(' 时间尺度 /a','FontSize',14,'FontName',' 宋体 ');
ylabel(' 小波方差 ','FontSize',14,'FontName',' 宋体 ');
set(gca,'FontName','Times New Roman','FontSize',14);% 设置坐标轴刻度
字体名称和大小
```

```
subplot(223);
contourf(mo,10,'-');% 绘制 " 模 " 图
time=1965:10:2015; % 按照自己的时间序列进行修改
xlabel(' 年份 ','FontSize',14,'FontName',' 宋体 ');
ylabel(' 时间尺度 /a','FontSize',14,'FontName',' 宋体 ');
colorbar;
set(gca,'XTickLabel', time) % 更新 XTickLabel
set(gca,'FontName','Times New Roman','FontSize',14);% 设置坐标轴刻度
字体名称和大小


subplot(224);
contourf(mofang,10,'-');% 绘制 " 模方 " 图
time=1965:10:2015; % 按照自己的时间序列进行修改
xlabel(' 年份 ','FontSize',14,'FontName',' 宋体 ');
ylabel(' 时间尺度 /a','FontSize',14,'FontName',' 宋体 ');
colorbar;
set(gca,'XTickLabel', time) % 更新 XTickLabel
set(gca,'FontName','Times New Roman','FontSize',14);% 设置坐标轴刻度
字体名称和大小


figure(2);% 小波变换系数图
subplot(221);
plot(t,shibu(21,:),'k-','linewidth',1.5);% 第一主周期
hold on
plot([1950,2020],[0,0],'k-','linewidth',0.2);% y=0 直线 xlabel(' 年份 ');
xlabel(' 年份 ','FontSize',14,'FontName',' 宋体 ');
ylabel(' 小波系数 ','FontSize',14,'FontName',' 宋体 ');
l1=legend('21a 特征时间尺度 ');
set(l1,'Fontname', ' 宋体 ','FontSize',14);% 设置字体、字号
%set(l1,'Box','off');% 删除边框
```

```
set(gca,'FontName','Times New Roman','FontSize',14);% 设置坐标轴刻度
字体名称和大小

subplot(222);
plot(t,shibu(12,:),'k-','linewidth',1.5);% 第二主周期
hold on
plot([1950,2020],[0,0],'k-','linewidth',0.2);% y=0 直线 xlabel(' 年份 ');
xlabel(' 年份 ','FontSize',14,'FontName',' 宋体 ');
ylabel(' 小波系数 ','FontSize',14,'FontName',' 宋体 ');
l2=legend('12a 特征时间尺度 ');
set(l2,'Fontname', ' 宋体 ','FontSize',14);% 设置字体、字号
%set(l2,'Box','off');% 删除边框
set(gca,'FontName','Times New Roman','FontSize',14);% 设置坐标轴刻度
字体名称和大小

subplot(223);
plot(t,shibu(7,:),'k-','linewidth',1.5);% 第三主周期
hold on
plot([1950,2020],[0,0],'k-','linewidth',0.2);% y=0 直线
xlabel(' 年份 ','FontSize',14,'FontName',' 宋体 ');
ylabel(' 小波系数 ','FontSize',14,'FontName',' 宋体 ');
l3=legend('7a 特征时间尺度 ');
set(l3,'Fontname', ' 宋体 ','FontSize',14);% 设置字体、字号
set(gca,'FontName','Times New Roman','FontSize',14);% 设置坐标轴刻度
字体名称和大小

% 绘制能谱检验
load 'qq.txt'   % 载入数据序列
sst = qq;
variance = std(sst)^2;
```

```
sst = (sst - mean(sst))/sqrt(variance) ;

n = length(sst);

dt = 1 ;

time = [0:n-1]*dt + 1956;

xlim = [1956,2016];

pad = 1;

dj = 0.125;

s0 = 2*dt;

j1 = 6/dj;

lag1 = 0.72;

mother = 'Morlet';

[wave,period,scale,coi] = wavelet(sst,dt,pad,dj,s0,j1,mother);

power = (abs(wave)).^2 ;

[signif,fft_theor] = wave_signif(1.0,dt,scale,0,lag1,-1,-1,mother);

sig95 = (signif')*(ones(1,n));

sig95 = power ./ sig95;

global_ws = variance*(sum(power')/n);

dof = n - scale;

global_signif = wave_signif(variance,dt,scale,1,lag1,-1,dof,mother);


%% 绘图
%--- Plot time series
%--- Contour plot wavelet power spectrum
figure(3);
%--- 绘制小波能量谱
subplot('position',[0.12 0.37 0.63 0.28])% 绘图位置 [x0 y0 宽 高 ]
levels = [0.0625,0.125,0.25,0.5] ;
Yticks = 2.^(fix(log2(min(period))):fix(log2(max(period))));
contourf(time,log2(period),log2(power),log2(levels));
%imagesc(time,log2(period),log2(power));
```

```
set(gca,'XLim',xlim(:))
set(gca,'YLim',log2([min(period),max(period)]), ...
    'YDir','default', ...
    'YTick',log2(Yticks(:)), ...
    'YTickLabel',Yticks)
imagesc(time,log2(period),log2(power));
xlabel(' 年份 ','FontSize',14,'FontName',' 宋体 ')
ylabel(' 周期 /a','FontSize',14,'FontName',' 宋体 ')
title(' 小波功率谱 (a)','FontSize',14,'FontName',' 宋体 ')
set(gca,'XLim',xlim(:))
set(gca,'YLim',log2([min(period),32]), ...
    'YDir','default', ...
    'YTick',log2(Yticks(:)), ...
    'YTickLabel',Yticks)
%95% singificance contour,levels at -99(fake)and 1(95% signif)
hold on
contour(time,log2(period),sig95,[-99,1],'k','linewidth',3);% 绘制显著性水
平线
hold on
plot(time,log2(coi),'k','linewidth',1);% 绘制钟形曲线
hold off
colorbar;% 彩色图例
set(gca,'FontName','Times New Roman','FontSize',14);% 设置坐标轴刻度
字体名称和大小

% 绘制全域能谱
subplot('position',[0.77 0.37 0.2 0.28])% 绘图位置 [x0 y0 宽 高 ]
plot(global_ws,log2(period))
hold on
plot(global_signif,log2(period),'--')
```

```
hold off
xlabel(' 能量谱 ','FontSize',14,'FontName',' 宋体 ')
title(' 全域能量谱 (b)','FontSize',14,'FontName',' 宋体 ')
set(gca,'YLim',log2([min(period),32]), ...
    'YDir','default', ...
    'YTick',log2(Yticks(:)), ...
    'YTickLabel',Yticks)
set(gca,'XLim',[0,1.25*max(global_ws)]);
set(gca,'FontName','Times New Roman','FontSize',14);% 设置坐标轴刻度
字体名称和大小
```

参考文献

[1] 付军 . 环境变化对区域水循环要素及水资源演变影响的研究 [D]. 天津:天津大学,2016.

[2] 李云玲,郦建强,王晶 . 我国水资源安全保障与水资源配置工程建设 [J]. 中国水利,2011,(23):87-91.

[3] 中国工程院"21 世纪中国可持续发展水资源战略研究"项目组 . 中国可持续发展水资源战略研究综合报告 [J]. 中国工程科学,2000,2(8):1-17.

[4] 方子云 . 中国水利百科全书 . 环境水利分册 [M]. 北京:中国水利水电出版社,2004.

[5] IPCC. Climate change 2013:The physical science basis[M]. Cambridge:Cambridge University Press,2013.

[6] 秦大河 . 气候变化科学与人类可持续发展① [J]. 地理科学进展,2014,33(7):874-883.

[7] 《第三次气候变化国家评估报告》编写委员会 . 第三次气候变化国家评估报告:2 版 [M]. 北京:科学出版社,2015.

[8] 张彧瑞,马金珠,齐识 . 人类活动和气候变化对石羊河流域水资源的影响——基于主客观综合赋权分析法 [J]. 资源科学,2012,34(10):1922-1928.

[9] 赵丽娜,宋松柏,郝博,等 . 年径流序列趋势识别研究 [J]. 西北农林科技大学学报(自然科学版),2010,38(3):194-198,205.

[10] Hamed K H. Trend detection in hydrologic data:the Mann-Kendall trend test under the scaling hypothesis[J]. Journal of Hydrology,2008,349(3-4):350-363.

[11] 章诞武,丛振涛,倪广恒.基于中国气象资料的趋势检验方法对比分析 [J]. 水科学进展,2013,24（4）:490-496.

[12] Cox D R, Stuart A. Some quick sign tests for trend in location and dispersion [J]. Biometrika, 1955, 42（1-2）: 80-95.

[13] Storch H V. Misuses of statistical analysis in climate research[M]. Analysis of Climate Variability. Heidelberg: Springer, 1999: 11-26.

[14] Yue S, Pilon P, Phinney B, et al. The influence of autocorrelation on the ability to detect trend in hydrological series[J]. Hydrological Processes, 2002, 16（9）: 1807-1829.

[15] Hirsch R M, Slack J R. Non-parametric trend test for seasonal data with serial dependence[J]. Water Resources Research, 1984, 20（6）: 727-732.

[16] Hamed K H, Rao A R. A modified Mann-Kendall trend test for autocorrelated data[J]. Journal of Hydrology, 1998, 204（1-4）: 182-196.

[17] Lee A F S, Heghinian S M. A shift of the mean level in a sequence of independent normal random variable: A bayesian approach[J]. Technometrics, 1977, 19（4）: 503-506.

[18] Pettitt A N. A non-parametric approach to the change point problem[J]. Applied Statistics, 1979, 28（2）: 126-135.

[19] 魏凤英.现代气候统计诊断与预测技术:2 版 [M]. 北京:气象出版社, 2007.

[20] 丁晶.洪水时间序列干扰点的统计推估 [J]. 武汉大学学报（工学版）, 1986,（5）:36-41.

[21] 夏军,穆宏强,邱训平,等.水文序列的时间变异性分析 [J]. 长江职工大学学报,2001,18（3）:1-4,26.

[22] 王孝礼,胡宝清,夏军.水文时序趋势与变异点的 R/S 分析法 [J]. 武汉大学学报（工学版）,2002,35（2）:10-12.

[23] 熊立华,周芬,肖义,等.水文时间序列变点分析的贝叶斯方法 [J]. 水电能源科学,2003,21（4）:39-41.

[24] 张一驰,周成虎,李宝林.基于 Brown-Forsythe 检验的水文序列变异点识别 [J]. 地理研究,2005,（5）:741-747.

[25] 谢平,陈广才,李德,等.水文变异综合诊断方法及其应用研究 [J].水电能源科学,2005,23（2）:11-14.

[26] 金菊良,魏一鸣,丁晶.基于遗传算法的水文时间序列变点分析方法 [J].地理科学,2005,（6）:720-724.

[27] 陈广才,谢平.水文变异的滑动 F 识别与检验方法 [J].水文,2006,（2）:57-60.

[28] 张晓萍,张橹,王勇,等.黄河中游地区年径流对土地利用变化时空响应分析 [J].中国水土保持科学,2009,7（1）:19-26.

[29] 徐文才,徐利岗.新疆地区降水空间结构特征及其变异性分析 [J].人民黄河,2010,32（5）:34-35.

[30] 韩业珍,魏晓妹,李立.基于地统计学的地下水位时空变异特征研究 [J].人民黄河,2010,32（5）:52-53.

[31] 王颖华,张鑫.西宁市降水量时空分布规律分析 [J].人民黄河,2012,34（10）:80-82.

[32] Foufoula-Georgiou E, Kumar P. Wavelets in geophysics[M]. San Diego, CA: Academic Press, 1994.

[33] Percival D B, Walden A T. Wavelet methods for time series analysis[M]. Cambridge, UK: Cambridge University Press, 2000.

[34] Praveen, Kumar, Efi, et al. Wavelet analysis for geophysical applications[J]. Reviews of Geophysics, 1997, 35（4）:385-412.

[35] Labat D. Recent advances in wavelet analyses: Part 1. A review of concepts[J]. Journal of Hydrology, 2005, 314（1-4）:275-288.

[36] Labat D, Ababou R, Mangin A. Rainfall-runoff relations for karstic springs. Part Ⅱ: Continuous wavelet and discrete orthogonal multiresolution analyses[J]. Journal of Hydrology, 2000, 238（3-4）:149-178.

[37] Labat D. Oscillations in land surface hydrological cycle[J]. Earth and Planetary Science Letters, 2006, 242（1-2）:143-154.

[38] Labat D. Wavelet analysis of the annual discharge records of the world's largest rivers[J]. Advances in Water Resources, 2008, 31（1）:109-117.

[39] Labat D, Josyane R, Jean L G. Recent advances in wavelet analyses: Part 2 Amazon, Parana, Orinoco and Congo discharges time scale variability[J]. Journal of Hydrology, 2005, 314(1-4): 289-311.

[40] Schaefli B, Maraun D, Holschneider M. What drives high flow events in the Swiss Alps? Recent developments in wavelet spectral analysis and their application to hydrology[J]. Advances in Water Resources, 2007, 30(12): 2511-2525.

[41] Coulibaly P, Burn D H. Wavelet analysis of variability in annual Canadian streamflows[J]. Water Resources Research, 2004, 40(3): 1-4.

[42] Coulibaly P, Anctil F, Bobee B. Daily reservoir inflow forecasting using artificial neural networks with stopped training approach[J]. Journal of Hydrology, 2000, 230(3-4): 244-257.

[43] 王文圣, 丁晶, 向红莲. 小波分析在水文学中的应用研究及展望 [J]. 水科学进展, 2002, 13(4): 515-520.

[44] 王文圣, 丁晶, 李跃清. 水文小波分析 [M]. 北京: 化学工业出版社, 2005.

[45] Sang Y F, Wang D. A stochastic model for mid-to-long-term runoff forecast[C]. Proceeding of International Conference of Natural Computer, 2008, 3: 44-48.

[46] 桑燕芳, 王栋, 吴吉春, 等. 水文序列分析中基于信息熵理论的消噪方法 [J]. 水利学报, 2009, 40(8): 919-926.

[47] Sang Y F, Wang D, Wu J C, et al. Entropy-based wavelet de-noising method for time series analysis[J]. Entropy, 2009, 11(4): 1123-1147.

[48] 桑燕芳, 王栋, 吴吉春, 等. 水文时间序列小波互相关分析方法 [J]. 水利学报, 2010, 41(5): 1172-1179.

[49] 桑燕芳, 王栋, 吴吉春. 水文序列噪声成分小波特性的揭示与描述 [J]. 南京大学学报(自然科学版), 2010, 46(6): 643-653.

[50] 桑燕芳, 王栋, 吴吉春, 等. 水文时间序列复杂变化特性的研究与定量表征 [J]. 水文, 2010, 29(3): 10-15.

[51] Langbein W B. Annual runoff in the United States[M]. US Geological Survey Circular 5. Washington, DC, 1949.

[52] Schwarz H E. Climatic change and water supply: how sensitive is the Northeast? In: Climate, Climatic Change and Water Supply[M]. National Academy of Sciences, Washington, DC, 1977.

[53] WMO. Water resources and climatic change: sensitivity of water resources systems to climatic change and variability[C]. WMO Publ, 1987.

[54] Revelle R, Waggoner P. Effects of a Carbon Dioxide—Induced Climatic Change on Water Supplies in 7 the Western United States[J]. Changing Climate, 1983: 419-432.

[55] US Environmental Protection Agency. Potential Climatic Impacts of Increasing Atmospheric CO_2 with Emphasis on Water Availability and Hydrology in the United States[R]. Office of Policy Analysis. Washington, DC, 1984.

[56] Singh B. The impacts of CO_2—induced climate change on hydro-electric generation potential in the James Bay Territory of Quebec[R]. In: The Influence of Climate Change and Climatic Variability on the Hydrologie Regime and Water Resources, S. Solomon et al. (eds). IAHS Publication, 1987, 168: 403-418.

[57] NěMEC J, Schaake J. Sensitivity of water resource systems to climate variation[J]. Hydrological Sciences Journal, 1982, 27 (3): 327-343.

[58] Gleick P H. Methods for evaluating the regional hydrologie impacts of global climatic changes[J]. Journal of Hydrology, 1986, 88: 99-116.

[59] Gleick P H. The development and testing of a water balance model for climate impacts assessment[J]. Water Resources Research, 1987, 23: 1049-1061.

[60] Lane M E, Kirshen P H, Vogel R M. Indicators of impacts of global climate change on United States water resources[J]. Journal of Water Resources Planning and management-ASCE, 1999, 125 (4): 194-204.

[61] Waggoner P E. Climate Change and US Water Resourees[M]. New York: John Wiley, 1990.

[62] Vogel R, Moomaw W, Kirshen P A. National Assessment of the Impact of Climate Change on Water Resources[R]. National Centre for Environmental Research, report to the EPA, 1999.

[63] Allen R Q, Smith M, Pereira L S, et al. An update for the calculation of reference evapotranspiration [R]. ICID Bulletin, 1994, 43（2）: 35-92.

[64] Allen R Q, Pereira L S, Raes D, et al. Crop evapotranspiration. Guidelines for computing crop water requirements[R]. FAO Irrigation and drainage paper 56. FAO, Rome, 1998.

[65] Whitehead P G, Wilby R L, Battarbee R W, et al. A review of the potential impacts of climate change on surface water quality[J]. International Association of Scientific Hydrology Bulletin, 2009, 54（1）: 101-123.

[66] Wit M D, Stankiewicz J. Changes in Surface Water Supply Across Africa with Predicted Climate Change[J]. Science, 2006, 311: 1917-1921.

[67] Novotny E V, Stefan H G. Stream flow in Minnesota: indicator of climate change [J]. Journal of Hydrology, 2007, 334: 319-333.

[68] Fontaine T A, Fklassen J. Hydrological response to climate change in the black hills of south Dakota, USA[J]. Hydrological sciences journal, 2001, 46（1）: 27-41.

[69] Wicht C L. Forest influences research technique at Jonkershoek[J]. Journal of the South African Forestry Association, 1939, 3: 65-80.

[70] 赵柯经. 国际水文计划的科学成就 [J]. 水科学进展, 1990, 1（1）: 60-65.

[71] 宋晓猛, 张建云, 占车生, 等. 气候变化和人类活动对水文循环影响研究进展 [J]. 水利学报, 2013, 44（7）: 779-790.

[72] 夏军, 谈戈. 全球变化与水文科学新的进展与挑战 [J]. 资源科学, 2002, 24（3）: 1-7.

[73] IAHS. Abstract Volume of A-new Hydrology for a Thirsty Planet[C]. Maastricht, Netherland, 2001: 18-27.

[74] Ismaiylov G K, Fedorov V M. Analysis of long-term variations in the volga annual runoff[J]. Water Resources, 2001, 28（5）: 469-476.

[75] Walling D E, Fang D. Recent trends in the suspended sediment loads of the world's rivers[J]. Global and Planetary Change, 2003, 39（1）: 111-126.

[76] Milliman J D, Farnsworth K L, Jones P D, et al. Climatic and anthropogenic factors affecting river discharge to the global ocean, 1951—2000[J]. Global and planetary change, 2008, 62(3): 187-194.

[77] Bewket W, Sterk G. Dynamics in land cover and its effect on stream flow in the Chemoga watershed, Blue Nile basin, Ethiopia[J]. Hydrological Processes, 2010, 19(2): 445-458.

[78] Nilsson C, Reidy C A, Dynesius M, et al. Fragmentation and flow regulation of the world's large river systems[J]. Science, 2005, 308(5720): 405-408.

[79] Immerzeel W W, Van Beek L P H, Bierkens M F P. Climate change will affect the Asian water towers[J]. Science, 2010, 328(5 984): 1382-1384.

[80] Milliman J D, Farnsworth K L, Jones P D, et al. Climatic and anthropogenic factors affecting river discharge to the global ocean, 1951—2000[J]. Global and planetary change, 2008, 62(3): 187-194.

[81] Vorosmarty C J, Meybeck M, Fekete B, et al. Anthropogenic sediment retention: major global impact from registered river impoundments[J]. Global and Planetary Change, 2003, 39(1): 169-190.

[82] 芮孝芳. 论人类活动对水资源的影响 [J]. 河海科技进展, 1991, 11(3): 52-57.

[83] 李新, 周宏飞. 人类活动干预后的塔里木河水资源持续利用问题 [J]. 地理研究, 1998, 17(2): 171-177.

[84] 许炯心, 孙季. 近 50 年来降水变化和人类活动对黄河入海径流通量的影响 [J]. 水科学进展, 2003, 14(6): 690-695.

[85] 刘昌明, 张学成. 黄河干流实际来水量不断减少的成因分析 [J]. 地理学报, 2004, 59(3): 323-330.

[86] 谢红彬, 虞孝感, 张运林. 太湖流域水环境演变与人类活动耦合关系 [J]. 长江流域资源与环境, 2001, 10(5): 393-400.

[87] 燕荷叶. 人类活动对沁河流域径流影响研究 [J]. 水利水电技术, 2003, 34(6): 5-7.

[88] 周红, 秦嘉轮, 卫江益. 人类活动对塔里木河年径流影响量的估算 [J]. 干旱区地理, 2002, 25(1): 70-74.

[89] 陈军锋,张明.梭磨河流域气候波动和土地覆被变化对径流影响的模拟研究[J].地理研究,2003,22(1):73-78.

[90] 胡珊珊,郑红星,刘昌明,等.气候变化和人类活动对白洋淀上游水源区径流的影响[J].地理学报,2012,67(1):62-70.

[91] 张利平,于松延,段尧彬,等.气候变化和人类活动对永定河流域径流变化影响定量研究[J].气候变化研究进展,2013,9(6):391-397.

[92] 王随继,闫云霞,颜明,等.皇甫川流域降水和人类活动对径流量变化的贡献率分析——累积量斜率变化率比较方法的提出及应用[J].地理学报,2012,67(3):388-397.

[93] 江善虎,任立良,雍斌,等.气候变化和人类活动对老哈河流域径流的影响[J].水资源保护,2010,26(6):1-4.

[94] 王浩,贾仰文,王建华,等.人类活动影响下的黄河流域水资源演化规律初探[J].自然资源学报,2005,20(2):157-162.

[95] 王纲胜,夏军,万东晖,等.气候变化及人类活动影响下的潮白河月水量平衡模拟[J].自然资源学报,2006,21(1):86-91.

[96] 姜德娟,王晓利.胶东半岛大沽河流域径流变化特征[J].干旱区研究,2013,30(6):965-972.

[97] 王顺久,张欣莉,倪长键,等.水资源优化配置原理及方法[M].北京:中国水利水电出版社,2007.

[98] 粟晓玲,康绍忠.干旱区面向生态的水资源合理配置研究进展与关键问题[J].农业工程学报,2005,21(1):167-172.

[99] 田景环,刘林娟.区域水资源多目标优化配置方法研究[J].人民黄河,2013,35(4):29-31.

[100] 李明新,熊莹,范可旭.长江流域水资源配置模型研究与应用[J].水文,2011,39(S1):166-170.

[101] 左其亭,陈曦.面向可持续发展的水资源规划与管理[M].北京:中国水利水电出版社,2003.

[102] 王延梅,曹升乐,于翠松,等.水资源系统与社会经济生态系统协调性评价[J].中国农村水利水电,2015,(3):110-113.

[103] 李秀丽.基于 ET 管理的水权分配与水资源优化配置研究——以邯郸市东部平原为例 [D].西安:西安理工大学,2018.

[104] 马兴华,周买春,万东辉,等.基于最严格水资源管理的水资源优化配置研究 [J].人民珠江,2016,37(3):1-5.

[105] 张守平,魏传江,王浩,等.流域／区域水量水质联合配置研究 I:理论方法 [J].水利学报,2014,45(7):757-766.

[106] 邵东国,贺新春,黄显峰,等.基于净效益最大的水资源优化配置模型与方法 [J].水利学报,2005,36(9):1050-1056.

[107] 苏心玥,于洋,赵建世,等.南水北调中线通水后北京市辖区间水资源配置的博弈均衡 [J].应用基础与工程科学学报,2019,27(2):239-251.

[108] 金蓉.基于水资源优化配置的张掖市产业结构调整研究 [D].兰州:西北师范大学,2006.

[109] 冯房观,熊育久,方奕舟.清远市用水结构对产业政策调整的响应研究 [J].人民珠江,2020,41(10):6-12.

[110] 赵嘉阳,郭福涛,梁慧玲,等.福建长汀红壤区 1965—2013 年气温和降水量的变化趋势 [J].福建农林大学学报(自然科学版),2016,45(1):77-83.

[111] 张洪波,李哲浩,席秋义,等.基于改进过白化的 Mann-Kendall 趋势检验法 [J].水力发电学报,2018,191(6):34-46.

[112] 张润润.香港地区降水趋势及其演变过程分析 [J].河海大学学报(自然科学版),2010,(5):505-510.

[113] Hamed K H, Rao A R. A modified Mann-Kendall trend test for autocorrelated data[J]. Journal of Hydrology, 1998, 204(1):182-196.

[114] 白勇.变化环境下半干旱流域径流演化特征及驱动因素分析 [D].呼和浩特:内蒙古农业大学,2018.

[115] 叶信富,叶振峰,李振浩.以 Mann-Kendall 及 Theil-Sen 检定法评估台湾地区长期河川流量时空趋势变化 [J].中华水土保持学报,2016,47(2):73-83.

[116] 章诞武,丛振涛,倪广恒.基于中国气象资料的趋势检验方法对比分析 [J].水科学进展,2013,24(4):790-496.

[117] 许继军，杨大文，雷志栋，等．长江流域降水量和径流量长期变化趋势检验 [J]．人民长江，2006，37（9）：63-67.

[118] Libiseller C, Grimvall A. Performance of partial Mann-Kendall tests for trend detection in the presence of covariates[J]. Environmetrics, 2010, 13（1）: 71-84.

[119] 丁爱中，赵银军，郝弟，等．永定河流域径流变化特征及影响因素分析 [J]．南水北调与水利科技，2013，11（1）：17-22.

[120] 夏伟，周维博，李文溢，等．气候变化和人类活动对沣河流域径流量影响的定量评估 [J]．水资源与水工程学报，2018，29（6）：47-52.

[121] 田仁伟，赵翠薇，贺中华，等．降水和人类活动对三岔河上游径流量变化的贡献 [J]．水资源与水工程学报，2019，30（6）：123-129.

[122] 祁文燕，钱鞭，葛雷，等．湟水干流近 60 年径流变化特征分析 [J]．水资源与水工程学报，2018，29（3）：45-49.

[123] 徐利岗，周宏飞，梁川，等．中国北方荒漠区降水多时间尺度变异性研究 [J]．水利学报，2009，40（8）：1002-1011.

[124] 王少丽，臧敏，王亚娟，等．降水和下垫面对流域径流量影响的定量研究 [J]．水资源与水工程学报，2019，30（6）：1-5.

[125] 李兴云，刘辉，胡晓燕，等．大沽河水源地保护对策的建议 [J]．水资源保护，1996，（3）：60-62.

[126] 胡安焱，郭生练，陈华，等．基于小波变换的汉江径流量多时间尺度分析 [J]．人民长江，2006，37（11）：61-62，89.

[127] 许炯心．中国江河地貌系统对人类活动的响应 [M]．北京：科学出版社，2007.

[128] 许炯心．人为季节性河流的初步研究 [J]．地理研究，2000，19（3）：234-241.